THE *LEAF SUPPLY* GUIDE TO CREATING YOUR

INDOOR
JUNGLE

室内绿植完整手册

2

[澳] 劳伦·卡米雷利 (Lauren Camilleri)

[澳] 索菲娅·卡普兰 (Sophia Kaplan) —— 著

陈晓宇—— 译

中信出版集团｜北京

introduction
前言

不管是垂下来盖住室内墙壁的绿萝，还是占据客厅角落彰显风格的叶片，植物的出现，真的让我们的空间充满生机。浏览Pinterest（拼趣）和Instagram（照片墙）等社交媒体，能看到许许多多茂盛绿叶装饰的室内空间，让你也想打造一个有自己风格的室内丛林。这确实令人心动，但也让人望而却步：照料这么多绿植，要花多少时间？养活自己就够麻烦的了，哪还有时间照料三十几盆植物呢？实际上，创造一个都市丛林，不是用植物填满家里，而是让恰到好处的绿意装点你的空间和生活。可以是门口一盆引人注目的植物，也可以让植物比家具还多——每个人都有适合自己的丛林风格。

没错，植物很美，它们的姿态、质感和颜色令人着迷，但是它们的作用不只有这些：它们的存在能够提升生产力、净化空气；照顾它们并且观察它们生长（或是照料它们恢复健康），这些行为本身就有疗愈功能。显然，养绿植的好处不仅限于观赏。密切接触自然，让人受益匪浅，对那些居住在拥挤都市的居民来说效果尤为显著，他们鲜有机会接触绿地。在我们的家里和办公室摆放绿植，可以说是消除压力和焦虑的神药；花时间照料它们，其实也是在照顾我们自己。

我们上本书《室内绿植完整手册》的重点是如何把植物引入生活，书中介绍了一些最棒的室内观叶植物和多肉植物，以及如何让它们保持好的状态。这一回，我们会再次强调养护知识的重要性，带你们重新认识一些经典植物，让它们成为你构建室内丛林的基础。此外，还介绍了许多更有趣的植物加入你的植物帮派，并展示如何让绿植优雅地为空间增色。这本书的重点是植物风格，我们会深入解读一些最棒的室内绿植装

❯ 位于墨尔本的一个宽敞的大仓库，成为精心摆放的几何造型植物群的完美注脚。

不管你家大还是小，选择合适的植物种类，配上合适的花盆，就能让每个空间都有合适的一盆（也有可能是二十盆）植物。

饰案例，它们取自世界各地（荷兰、纽约、拜伦湾、柏林等）的居家环境、工作室和公共空间。我们一起看看这些富有创意的人如何打造自己的室内丛林。

从恣意生长的狂野（如112页电车仓库改造的摄影工作室Clapton Tram），到极简主义的鲜明（如120页柏林时尚设计师的植物公寓），植物能够渲染各种情绪，以各种方式制造出人意料的装饰效果。这些丛林的主人，对和植物一起生活都有着自己独到的见解，你一定能从中获得灵感，找到自己的植物风格。

我们会考虑到家中的每个房间，用最有效且实用的方法让植物在你家的每个角落绽放光彩。不管是休憩放松的卧室，还是充满人气的客厅，我们都能用绿植提升空间的功能和美感。这次，我们还要让植物进入阳台和庭院，并在这里大放异彩。对住在公寓里的人来说，这两个地方就是室内的延伸，植物则自然地连接了室内外空间。这些室外空间是许多植物的理想居所，你的室内丛林将因此变得更加丰富，而这些通常被忽视的地方也会变成幸福的角落。

不管你家大还是小，选择合适的植物种类，配上合适的花盆，就能让每个空间都有适合的一盆（也有可能是二十盆）植物。这里我们要强调植物最佳位置的重要性，只有这个位置才能为它们提供生长所需的各种条件。别忘了，这些植物都有各自的需求，如光照和水分；一株状态良好的植物对家居风格的贡献，可比死去的植物要多得多。逛花店之前，一定要先好好研究家里的空间，这是打造室内丛林的关键一步，只有这样，你才能在接下来的好多年里持续享受植物带来的快乐。

我们希望这本书能帮你打好基础，让植物成功融入你的家或是办公室；我们还希望它能带给你灵感，帮你形成自己的植物风格（和室内丛林），融入你对美的理解，提升你的生活质量。

‹ 明亮的光线穿过卧室大大的窗户，打造球兰和丝苇的理想居所。

CON‐TENTS 目录

基础
ATIONS

储备一些知识，为你的室内丛林打下坚实的地基，

是创造一个可持续发展并最终有所收获的植物空间的最佳途径。

植物生长需要什么，能够适应什么样的室内条件，了解这些会让你做出更明智的选择，

找到最适合自己的室内风格。

analysing

分析你的空间

想要打造室内丛林，在跑去苗圃和花店之前，一定要先分析和了解你的空间。为了让植物获得最佳生存条件，要实事求是地认识你所能提供给它们的空间。把植物带回家后，我们要尽可能模拟它们自然生长的环境，其中最重要的就是光照条件和类型，其次是水和土壤，然后还有温度、湿度和肥料。

花些时间观察，你家一天中阳光如何变化，会照进哪些窗户。光线照到哪里？有些房间是不是下午变得更热？较冷的月份上述情况是不是有所变化？家里有空调和取暖器吗？有些走道是不是有穿堂风？在摆放植物的时候，这些都要注意。

现在开始，你就要仔细考虑，该把植物放在家里的哪些地方。有没有一个角落可以因此获得生机与活力？书架上是不是可以放垂吊植物？窗台上急需植物装饰？能否用植物遮住一个不好看的橱柜？是不是想用一盆可爱的植物把目光吸引到一个独特的角落？

现在，有趣的部分来了：是时候把上述想法结合起来，为每一盆植物找到最合适的位置。

> 晨光透过大大的窗户照进位于悉尼的高端共享办公空间二号门的公共厨房。一盆琴叶榕恰到好处地在窗边沐浴明亮的间接光。

getting inspired

获得灵感

打造自家丛林但缺少想法的时候，你会发现有无数的空间给你提供源源不断的灵感。我们始终都在寻找，最喜欢逛植物达人创造的绝妙空间，沉醉于他们的植物生活。这样的空间有的是家里，有的是工作室或办公室，还有公共空间和商店——我们走遍世界各地，找到这些最美妙、最具启发性的空间，放到这本书里。我们与工作生活在这些美妙的绿色空间里的人聊天，收获良多。我们了解他们建造自己丛林的过程，他们如何爱上植物，以及最重要的，他们为什么喜欢被植物包围。我们选取的每个丛林都有自己独一无二的风格和形式，也就是说有各种不同的方式将植物引入室内。这里给大家提供一些绿色灵感的绝佳来源。

社交媒体 书中选取的许多案例都来自我们在Instagram上关注的博主。上面展示了许多小小的绿色角落，称得上视觉的盛宴，而且为我们提供了无尽的灵感。关注这些植物达人和相关话题，保存并分享图片，然后就能拥有来自世界各地的无尽的植物想法和创意。你的第一站可以关注账号@leaf_supply——这是我们自己的丛林开始的地方。

杂志、书籍和博客 室内植物似乎一直在流行；翻看室内杂志、书籍和博客，你会发现大量植物装饰的居家环境。这些媒体会介绍各种产品和创意，从如何为一株好看的室内植物选择花盆或容器，到为精心设计的室内空间选择合适的植物种类，从而让你仿佛可以看到这些植物待在你家的样子。

‹ 植物的灵感无处不在。这棵酒瓶兰在悉尼派拉蒙家庭旅馆门口迎接客人的到来，看上去棒极了。

像拜伦湾的尼卡商店这样巧妙展示植物
的店铺，可以启发我们如何将植物融入自
己的空间。尼基和妮可精心挑选、设计，创
造了叶片、花朵、植物容器和艺术的绝妙组
合。逛她们的店，绝对不可能空着手出去。

旅行 大胆探索新的城市与国度，是另一种体验奇妙植物空间的方式。在一个新城市我们最喜欢做的事情，就是看遍当地植物园的温室。这些历史悠久又错综复杂的建筑物里，挤满了世界上最奇妙的植物种类。温室里的空气新鲜清爽，我们打赌，你一定能够在里面发现许多想搬回家的绿植。在伦敦皇家植物园邱园（Kew Gardens）的温室（世上现存最大的维多利亚时期的温室）里有全球最稀有的濒危植物，非常值得一逛。阿姆斯特丹的莱登大学植物园（Hortus Botanicus）是世上最古老的温室之一，巴黎的植物园（The Jardin Des Plants）也有各种大型温室；纽约植物园有可爱的伊尼德·豪普特温室（Enid A. Haupt Conservatory），悉尼皇家植物园的北纬23号温室(Latitude 23 Glasshouse)有丝须蒟蒻薯等极为罕见的植物。我们自己的最爱还有柏林、帕勒莫和巴塞尔三地的植物园。如果你实在没机会旅行，就看看你生活的地方有什么公园，没准会有惊喜。

是不是已经跃跃欲试？或许面对这么多选择和想法，你还有点不知所措。是时候开始整理并形成自己的想法。创建一个情绪板[1]（你可以在Pinterest上做，也可以用传统的信息检索表），列出你最喜欢的植物、花盆和你最想打造的植物场景。经常查看这个情绪板可以确保按照既定计划实施，但是也不要被最初的想法绑住手脚。你的想法和风格完全可以在开始建造室内丛林的时候不断完善。

---

1 Mood Board，通常指一系列图像、文字、样品的拼贴，是设计领域常用的表达设计定义与方向的视觉呈现方式。——译者注

PLANT CARE

植物养护

一提到植物养护,许多人脑子里都会浮现出各种条条框框,以为遵照执行就能让植物活下来。他们甚至认定,只要每周固定浇几次水,或是给植物它所需要的额定光照,植物就能一直保持完美状态。这种想法倒也合乎情理,但是因为过于简单,会让你对植物这种复杂的生物有不切实际的期望,甚至会让你在事与愿违的时候感到失望与挫败。还有一种错误的想法是只会欣赏植物的美,认为变黄的老叶或不常见的生长形态缺乏魅力,甚至有些碍眼;实际上那不过是植物生长的自然过程,或是一种值得把玩的植物异趣。

经营一座室内丛林的乐趣,很大程度上来自照料和滋养植物的过程。细心观察,真正了解植物的需求,会让你体会到室内园艺的实验性的一面,并在适应植物不同需求的过程中逐渐获得信心。

在这部分,我们探索植物养护的关键因素,让你更好地了解每种要素是如何相互配合发挥作用,为你的植物创造理想的生长条件。我们列出的要点轻松易懂,并提供一些常规操作,适合照顾我们介绍的那些植物。不过在你对基本常识——如基本的光照、水分和土壤——有更好的了解之后,我们希望你对植物养护有更全面综合的认识。总而言之,提供理想的环境,观察了解植物的方方面面,理解和接受它们适应新家的方式,你就能扮演好植物养护者的角色。你还能更好地调整养护方法,满足植物不同时期的具体需求,必要的时候还能及时有效地处理问题。

light

光照

毫无疑问，说到植物养护，首要的条件就是光照，有光植物才能生存。光，是光合作用必不可少的因素，在此过程中，植物利用二氧化碳和水创造养分，并利用光能将二氧化碳和水的结合物转化为葡萄糖和氧气。

许多来自热带的室内植物，因为已经适应了原本栖息地斑驳的光照和头顶上树冠的荫蔽，在室内也能生长得很好。"明亮的间接光"是用来描述上述光照条件的术语，但是它太宽泛了（也就是说太模糊了），会让很多植物养护者不知所措。热带雨林的"遮蔽"保护叶片免受自然界强烈光照的伤害，但是光照强度依然远超过室内最明亮的位置。了解自家的光照强度和特性尤为重要，尽管要花费一些时间去分析和试验，但你的植物一定会因此受益。

首先，从辨认室内光源开始。你家一定会有竖向的窗户和门，但是如果有一两扇天窗为植物提供真正持续的优质光线，那才真叫幸运。评估一天之内、一年四季室内光照强度的变化也很重要。这时候，你要把自己当成植物，这听起来有点怪，但是把自己放在植物的位置上，设身处地为它们着想，真的很有用。

确实，离光源越近，光线越强。阳光明媚的窗台有最强的光线，最适合喜光的仙人掌和多肉植物。照进窗户的直射光，一些室内观叶植物可能受不了，所以不能把它们直接暴露在这种光照中，放在窗台旁边最好。这些植物一天中的大部分时间，不间断地接受阳光沐浴；大量的明亮间接光能让它们枝繁叶茂。离光源越远，光照的强度越低。把植物放在光源的另一头，不直接沐浴阳光，它们就处于我们所说的"低光照"环境中。

> 摄影师珍妮克·卢瑟玛阿姆斯特丹的家里，一盆欣欣向荣的秋海棠沐浴在灿烂斑驳的光影中（详见184页）。

想要更精准地测量光照，就需要一个曝光表。物理上用的曝光表很贵，我们推荐使用测量曝光的手机应用，对大部分室内园艺师来说已经够用了。还有一个更省钱的办法——检影法，只要一张纸就可以。晴天的时候，把这张纸放在你想要摆放植物的位置，手放在纸上方30厘米处，留下一个阴影。如果阴影浓重、边缘清晰，说明光照够强；如果阴影较浅、较模糊，但是仍旧能够辨认出手的形状，那就是中等强度的光照；如果很难看出手的形状，则是低光照。

许多来自热带的室内植物，因为已经适应了原本栖息地斑驳的光照和头顶上树冠的荫蔽，在室内也能生长得很好。

water 水分

除了光照，植物生长还需要水。在室内，它们只能依靠我们提供适当的水分。而这会成为植物新手最感到困惑和有压力的事情，许多植物因为浇水太多夭折，你肯定听说过这种情况。不过，只要能深入理解水分在植物养护中发挥的作用，以及影响植物吸收水分的其他因素，你就能更好地给植物浇水，不多也不少，不再重蹈浇水太多的覆辙。

只要盆土排水良好，植物能接受足够的光照，就能通过根部有效吸收水分，把养分运送到最需要的部位并且（和纤维素一起）构建细胞，为茎叶提供良好的支撑。浇水过多，会阻止氧气到达根部，使根部腐烂，导致植物最终死于溺水（而浇水不够则会让植物慢慢失去生长所需的水分和矿物质）。水分不足时，植物会通过落叶或叶片变黄、变棕来表达自身的不适。

植物对水分的需求各有不同。不能言之凿凿地说，某种植物一周或半个月浇一次就行，因为其中存在很多变数。花盆有多大？大盆通常干得慢些。花盆是否完全暴露在直射光等热源中？植物是不是离加热器太近，土干得更快？是否和另一些植物放在一起？植物放在一起能增加湿度，让盆土保持更长时间的湿润。

测试湿度最好的方式就是把手指放进盆土中，看看干了几厘米。每隔几天检查一次，你就能了解植物的水分需求。大部分（不是全部）热带室内植物喜欢土壤表层几厘米干掉就浇水。经常检查植物具体的水分需求，然后随着季节进行调整（比如冬季土壤干得较慢，植物此时处于休眠期，就需要少浇水）。

△ 杰米·宋用茶壶给镜面草浇水。细细的壶嘴能把水分精准地送到需要的地方。

如果你对自己的湿度检测能力没有信心，或者植物放在很难够到的位置，那么水量计可以助你一臂之力。把水量计尖端插进土里，就能获得准确的湿度读数，帮你决定是否要浇水。

浇水一定要浇透。理想状况下，所有花盆都应该有排水孔，植物获得充足的水分后，多余的水会从花盆底部排出。浇水后半小时，把托盘里的水倒掉，不能让植物泡在水里。用温水最好，太冷的水会让植物受到惊吓。给植物浇完水后就把水壶灌满，这样下次就有温度相当于室温并且经过沉淀的水可用了。自来水要静置至少24小时，才能让氯和其他有害矿物盐沉到水底，肖竹芋和棕榈等敏感植物会更容易适应。

真正让室内植物感到舒服的，是在下雨的时候把它们搬出去——或用收集来的雨水浇水——这会让它们精神大振。这种液体黄金就是它们在野外的饮料，没有自来水里的化学物质和矿物盐等让土壤板结。如果把植物搬出去浇水，要保证在天气变冷或变热之前搬回室内。温度突然下降，或阳光直接照在娇嫩的叶片上，都会在短时间内对植物造成不可逆的伤害。

soil

土壤

合适的高质量盆栽土是重中之重，它能促进你的室内丛林健康茁壮成长。用错盆土，不管再怎么努力摆放，怎么用心浇水，你的植物都只能挣扎存活。

说到盆栽土，其中包含4个关键因素：保水性、透气性、排水性和营养物质。盆栽土综合了各种不同成分，满足植物对这4个方面的需求。很多植物老手都会自己配置盆土，改变成分配比以适应不同植物的具体需求。我们不用做到这么专业，但是自己动手其实没那么难，因为大部分热带室内植物对盆土的要求都差不多。

虽说如此，从附近的五金店或花店买现成的土，也是完全可行的，选择质量最好的有机室内盆土就可以了。店里买的这种土，其中的营养物质可以满足植物半年到一年的生长。之后，你就需要开始给植物施肥（详见后一节）。

不管是买土还是自己配土，盆土都要接触空气，保持疏松和丰富的营养。比例可以自行调整，但是通常热带植物盆土由占比60%的保水成分和30%的透气排水成分构成，余下的10%是营养物质。多肉和仙人掌植物不喜欢潮湿，所以要给它们混入更多透气排水成分。

"土壤"这个词对室内植物来说可能不太准确。盆栽土里其实没有土壤，所以为了帮助大家选择或配置最适合你家植物的盆栽土，这里列出一些常见的盆栽土成分，为你揭开土壤的神秘面纱。

保水性

大部分室内盆栽土的基质都是保水成分，一般具备良好的透气排水性。盆栽土要能够吸收水分，让水分和营养物质经由根部进入植物系统。

泥炭藓 尽管是常见的保水基质，但泥炭藓的供应并不稳定，而且长期开采会破坏环境。所以我们非常推荐使用下面两种材质。

椰糠 又名椰壳纤维，是椰子产业源源不断产生的副产品，因此成为泥炭藓的最佳替代品。椰糠既轻便又能保持水分，是越来越常见的介质，也是我们的不二选择。

自制堆肥 如果家里有户外空间，自制堆肥是减少家庭垃圾并回馈自然环境的最佳方式。适当分解的堆肥不仅能够保持水分，还能为植物提供丰富的养分。

透气排水

植物根部要吸收氧气，并且只有在盆栽土透气性良好的时候才能实现。在自然环境中，蠕虫等生物有助于土壤保持疏松，但是在室内没法实现；再加上经常浇水的影响，土壤容易板结。为了避免这一情况的出现，盆栽土中最好加入如下任意一种材料。

蛭石 一种天然矿物，高温下会膨胀变成轻质棕色颗粒。它含镁、钙等元素，保水性比珍珠岩更好。

珍珠岩 开采得到的火山岩，遇热膨胀。是一种比蛭石更大的无菌材料，看上去有点像泡沫塑料。

浮岩 也是一种火山岩，而且是我们的最爱。它比珍珠岩重一些，所以不会漂在盆土上方被水冲走，但同时具有毫不逊色的透气性。浮岩表面的孔隙还能存储并缓慢释放水分和养分。

沙子 特别利于排水，能为仙人掌和多肉植物模拟沙漠生长环境。

plant hack
诀窍

自制盆栽土
能得到最适合自家植物
需要的土壤。
如果你容易忘记浇水，
就配置具有
更强保水能力的混合土；
如果你勤于浇水，
就配置排水性更好的盆土。

养分

植物的生长需要养分。大部分植物时不时就要施肥，但是仍要确保盆土中包含部分养分，让你的植物一开始就有生长的动力。

蠕虫排泄物 蠕虫的粪便效果显著，而且含有丰富的植物养分。

回收蘑菇堆肥 这是供蘑菇生长的肥料，蘑菇丰收之后回收使用。它能改善土壤结构，并缓慢释放营养物质。

鱼骨粉 由鱼不可食用的部分制成，是温和而有效的营养添加剂。

some other considerations

其他
考虑因素

你已经搞定了光照、水分和土壤，现在要考虑一些其他因素，继续为你的植物朋友打造完美家园。

温度 某种程度上来说，室内植物受到的呵护比它的室外伙伴要多很多。它们不必经受风霜的考验，但却只能适应取暖器和空调营造的小气候。大部分室内植物习惯了家乡的热带或亚热带气候，总的来说，它们更喜欢15~24℃的日间温度和稍低一些（3~5℃）的夜间温度，这与它们的自然生长环境最为接近。室内植物能够稍稍忍受不超过32℃的夏季高温，但是它们无法忍受长时间暴露在高温下。所以，一定要在热浪来袭的时候降低室内温度，并且在冬天让植物远离取暖器。

湿度 大部分热带植物喜欢湿润的环境。空调和干燥的空气是它们的大敌，所以一定要注意记录空气湿度。虽然仙人掌和多肉植物能够忍受干燥，但热带植物最理想的环境湿度是50%。如果室内湿度降至30%，植物根部就很难吸收充足的水分来弥补叶片散失的部分。

把植物放在一起能形成一个湿度较大的微环境，而且你一次能给所有植物喷水，非常方便！许多热带植物都要定期用喷雾器喷水，但这不过是个权宜之计（而且费工夫）。从长远角度来说，可以用湿度托盘——把植物放在铺有鹅卵石的盛水托盘上（鹅卵石可以防止植物浸在水中而烂根）。如果真的没办法，就买个加湿器，顺便滋润你的皮肤。

施肥 野外植物能不断获得新鲜养分，来自植物材料的分解以及附近动物和昆虫的馈赠。对室内植物来说，一盆上好的盆土能维持植物6个月的健康生长。这之后就要看你的了。大部分肥料中都含有氮、磷、钾三种元素：氮促进叶绿素和植物蛋白质的生成，磷促进根系健康，钾增强植物抵抗力。

一般在温暖的生长季节，最好每隔1~3个月给你的热带室内植物施一次肥；而在相对平静的冬季，一定要让植物休息。我们会使用有机液体肥，按照瓶身说明用2倍的水稀释，不然会烧坏植物脆弱的根部。一定要先明确植物的需求，因为像鹿角蕨这类植物并不需要这么多营养，可能一年施一次肥就够了。

▶ 喜欢湿润的植物特别适合放在浴室。鹿角蕨等耐热的蕨类，完全能够接受洗澡时带来的高温蒸汽。

THE

PLA

植 物

美妙的叶片就是一切。

我们在这本书里介绍了各种植物，

从人见人爱的绿萝和龟背竹，到比较少见的紫叶酢浆草和迷你龟背竹，一定会让你的室内丛林大放异彩。

了解适合每种植物的养护知识，加上我们给出的最佳空间设计建议，

你和植物的关系会更加亲密。

N T S

PLANT CARE KEY
植物养护的关键要素

LIGHT CARE

光照

注意，光照条件随季节变化，所以要及时调整植物的位置，持续满足它们对的光照需求。

中低强度 能够忍受荫蔽环境，但是在明亮的间接光下生长更为旺盛。

明亮间接光 非常喜欢沐浴散射光，不喜欢直射光。

明亮直射光 非常喜欢明亮的光线，能够忍受甚至喜欢阳光的直接照射。

WATER CARE

水分

把手指放进土壤表层，是检测植物水分需求的最佳方式。记着，季节变化也会影响浇水频率，一般在较冷的月份需要少浇水。

低频率 半个月或者大部分土壤干掉的时候浇一次水。

中等频率 每周浇一次水，土壤表层5厘米变干就浇水。

高频率 一周浇两次水，土壤表层变干就浇水。

喷雾 每周用喷壶给叶片喷水，提升叶片周围湿度。

SOIL CARE

土壤

尽可能使用最好的有机盆栽土，并且根据植物种类选择特别配置的盆土配方。

排水良好 盆土中加入蛭石或珍珠岩，能让水很快排出，在保存有益营养物质的同时提升透气性。

保水性 加入泥炭藓或堆肥，能提升盆土湿度。

粗糙的砂土 盆土中加入大量砂石，能让水快速从根部排出，是沙漠植物的首选。

经典植物

the
classics

它们是室内丛林的骨干、魅力不减的常青树；
随处可见、容易照顾，而且与室内装饰相得益彰。在任何空间，它们都能成为众人瞩目的焦点。

SWISS CHEESE PLANT

甜芝士树——龟背竹

LIGHT 光照
明亮间接光

WATER 浇水
中等频率+喷雾

SOIL 土壤
排水良好

STYLE NOTE

造 型 要 点

● 这些美人儿可真是八面玲珑，能够适应各种环境风格。大盆龟背竹可独自成为视觉焦点，小盆的可以和其他热带植物搭配成完美组合，比如像图中和绿萝一起种在吊盆里，还真有热带丛林的感觉。

不需要我们多说，大家都知道龟背竹是魅力始终不减的室内植物；尽管随处可见，却在我们的植物名单上名列前茅。从墨西哥南部一直到巴拿马南部，叶片上巨大的几何开孔和随和的性格，让它在我们的室内丛林中牢牢占据一席之地。

把龟背竹的拉丁名拆开来看，Monstera的意思是在适当环境中可以长成巨大（monstrous）的植物，deliciosa指的是龟背竹美味（delicious）的果实。它在室内不可能开花结果，但在野外却能长出绿玉米一样的果实，那可真是个奇观。这种果实的味道据说像水果沙拉，于是龟背竹又多了一个"水果沙拉"的别名。我们也很喜欢它的法国名——瑞士奶酪树，用奶酪上的孔洞比喻叶片的图案；还有它的西西里名字——zampa di leone，意思是狮爪。

龟背竹需要空间生长。虽然它们在室内不太可能像在野外那样长到20多米，但是在适宜条件下，它们的长势十分旺盛。在丛林里，龟背竹的气根会攀在树上，朝着阳光生长。在室内，可以用木桩支撑它竖直生长；也可以让它待在高处，枝叶自然向外伸展。

养护方面，龟背竹的不挑剔让它从众多室内植物中脱颖而出。花盆一周浸泡一次就可以：完全浸在水中，然后让多余的水从底部排出。时不时给植株喷水，营造它熟悉的热带环境。叶子枯萎或变黄说明浇水太多。此时，去掉受损或死去的叶片，少浇水，让植物慢慢恢复。像所有拥有大叶片的植物一样，你要定期去除它们叶子上的灰尘，用湿布擦拭或者淋浴最好。温暖的季节，每月施一次肥；一旦发现根部缚到花盆上，就给它换盆。怎么知道根部缚在花盆上呢？看到根从排水孔中钻出来，或者植物看起来无精打采，生长缓慢，叶片变棕黄，那就是了。

LIGHT 光照
明亮间接光

WATER 浇水
中等频率+喷雾

SOIL 土壤
排水良好

SABRE FIG

剑榕——瘤枝榕

虽说是榕树家族中不太出名的一员，瘤枝榕的可爱之处可不比琴叶榕和橡皮树这些受欢迎的兄弟姐妹们少。它拥有优雅的比例，枝干修长，深橄榄色的叶片又长又尖，容易让人联想到某些澳大利亚的原生植物。

它们长得比较慢，但是不管多大，看起来都很美。如果你想一鸣惊人，就选一株成熟的瘤枝榕。如果想要它长得更大，我们建议每两年换一次盆。换盆在冬季末进行，并且确保花盆的尺寸适当，不要一下子换成太大的盆，这样植物会承受不了，土壤还有可能积水。

瘤枝榕喜欢明亮的间接光，也能忍受较少的光照。定期转动植株，让它们的枝叶都能接受光照，保持均衡生长。

与其他榕属植物不同，瘤枝榕一般不会落叶（除非浇水太多），而且更能抵抗害虫和疾病的侵袭。只有一点要注意，远离好奇的孩子和宠物，因为瘤枝榕的汁液有轻微的毒性，会引起皮肤瘙痒。

想要你的瘤枝榕达到最佳状态，可以在温暖的月份给它施液态肥，每月一次。

STYLE NOTE

造 型 要 点

● 大株的瘤枝榕在室内尤为突出，极简的水泥花盆最能衬托它们。这样的组合，可以填满一个空荡荡的角落，也可以成为入口或门厅的中心。

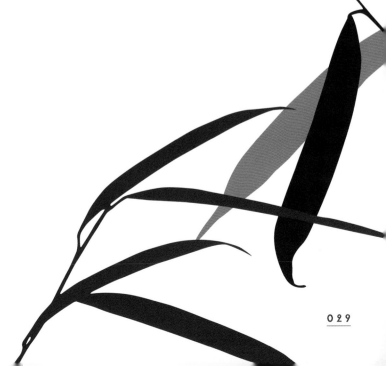

VARIEGATED
RUBBER PLANT

花叶橡皮树 ___坦尼克

虽说我们对橡皮树的爱和对其他植物是一样的，但是如果你想要一些特别的感觉，比如耀眼夺目，那我们一定会首推坦尼克，也就是花叶橡皮树。它有所有传统橡皮树的优点，但又多了几分神采。不管是独自一盆待在角落，还是为一群植物增添色彩，坦尼克都能用它奶油色、绿色和绯红色的斑驳釉质叶片吸引人的目光。

想要维持坦尼克叶片绚丽的花纹，就得给它更多阳光，比普通橡皮树还要多一些。除此之外，它没有别的特殊要求。一旦发现花叶褪色，或者下方叶片脱落，就赶紧把它搬到光照更好的位置。不过，落叶也可能是因为浇水过多。

坦尼克耷拉的叶片告诉你它要喝水，但是别因为这样就不停给它浇水。一周一次，浇透即可；不过，土壤表层几厘米如果干了，就要再浇水。那些宽大厚实的叶片可真是灰尘收集器，所以要定期用湿布擦拭。喷洒白油除了能让叶片保持光泽，还有预防病虫害的作用。避免冷热风刺激，坦尼克对温度的急剧变化非常敏感。它们的汁液有轻微毒性，所以要与好奇的宠物和小孩保持距离。

橡皮树是提升空气质量的能手之一，还能有效抵御病虫害。我们还推荐另一些稀有的橡皮树变种，比如颜色更深的红宝石和特别有范儿的黑金刚。

STYLE NOTE

造 型 要 点

●坦尼克的大小和一棵树差不多，而且有长成大个子的潜力，所以我们通常建议把它放在地上。放在低处，也能更好地从上方欣赏它美丽的叶片。配一个简简单单的圆筒或椭圆形花盆即可，免得抢了叶片的风头。

LIGHT 光照
明亮间接光

WATER 浇水
中等频率

SOIL 土壤
排水良好

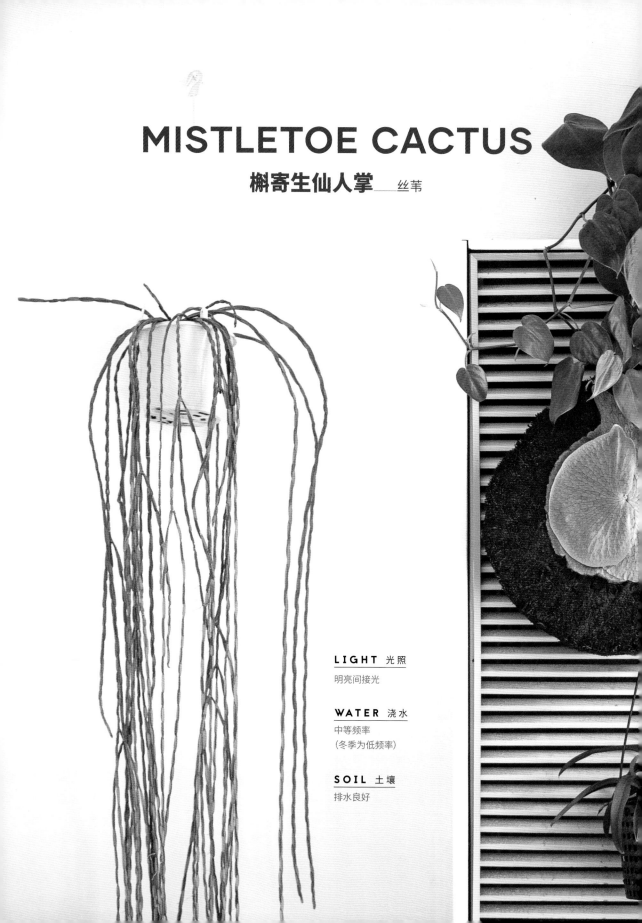

MISTLETOE CACTUS

槲寄生仙人掌——丝苇

LIGHT 光照
明亮间接光

WATER 浇水
中等频率
(冬季为低频率)

SOIL 土壤
排水良好

丝苇也是造型质感俱佳的丛林居民，它的老家在中南美洲的热带雨林，非洲和斯里兰卡也有分布。丝苇属包含许多种植物，但丝苇是其中最具戏剧张力的一种，因为它一丛丛细长的茎会从花盆边缘垂下，形成一片美丽的瀑布。开出纤细的白花之后，丝苇会结出白色的果实，这和传统的槲寄生类似，丝苇也因此获得槲寄生仙人掌的俗名。

同羽叶昙花（第42页）一样，丝苇也是丛林仙人掌，在类似沙漠的环境中长得并不好。它们能够在清晨或午后接受少量直接光，但是不能再多了，再多就会晒伤。丝苇喜潮湿，光线明亮的浴室是它们的理想生长环境——要保证浇水前土壤干透以防烂根，在寒冷的季节还要大量修剪枝叶。黏土花盆能让土壤透气以及土壤中的水分可以及时挥发，所以最适合丝苇。也可以用皮绳或粗绳把花盆吊起来。

LIGHT 光照
明亮间接光

WATER 浇水
中等频率

SOIL 土壤
排水良好

BIRD OF PARADISE

天堂鸟 ——鹤望兰属

有些植物，只要放在家里，就能把你带到温暖的地方。鹤望兰就是这样的一种植物。它有船桨一样的大叶片，最初生长在南非的滨海森林。我们总是提到彰显风格的植物，当你看到鹤望兰的时候，你会听到它在宣告："我们到热带啦！"鹤望兰属有5种植物，只有两种适合在室内生长：能开出艳丽橙色花的鹤望兰（又名天堂鸟），还有开白花、佛焰苞像黑色鸟嘴的尼古拉鹤望兰（又名白花天堂鸟）。不过这两种鹤望兰都不常在室内开花，所以选择它们一般出于对叶片的喜爱和空间需要。尼古拉鹤望兰的叶子颜色更深、更有光

泽，而且比鹤望兰的更宽大，个头也更大（在野外能长到9米高）。鹤望兰叶片发灰，比例瘦长，看上去比尼古拉鹤望兰更厚实。不过，鹤望兰长到1.5米后就开始横向生长，多少减轻了叶片的厚重感。

这些品种在合适的条件下会长得很快，所以要给它们留出充足的生长空间。这个属的植物喜欢充足明亮的光线，包括太阳直射光；而土壤则要保持湿润，但不能积水；喜欢温暖的环境（来自热带的宝宝特别不耐寒）。还有件事不能忽略：如果放在阳台或入口及门厅，会有大风或穿堂风不时吹过，导致叶片脱落。想要叶子保持最佳状态，就要把鹤望兰放在有遮挡的地方，免受人来人往的打扰！

偶尔出现的枯黄叶片，可以剪掉盖在盆土上。如果叶子变得焦黄，很可能是浇水太多；如果叶片边缘部分变黄，则是浇水不够。想要鹤望兰开花，得等到它们四五岁的时候，根部缚在花盆上，并且把它们放在室外一段时间，注意避免正午的强光直射。此时，花盆会变得很重，不便移动；不过，一旦开出美丽的花朵，一切努力都是值得的。

STYLE NOTE

造 型 要 点

●鹤望兰就是热带风情的代表，没有植物能比得上它们。放进简单的白色或混凝土轻质花盆，就能充分展现鹤望兰叶片的风采。花盆一定要够大，才能衬托它那令人过目难忘的美；但也不能太重，要便于移动。

DEVIL'S IVY

魔鬼藤——绿萝

LIGHT 光照

明亮间接光

WATER 浇水

中等频率

SOIL 土壤

排水良好

绿萝真的是最好养的室内植物，它们充满生命力和激情，还是提升室内空气质量的好手。这种热带的爬藤植物可以依照需求朝各个方向生长，很快就能长成茂密的一丛，可真是室内绿植中的佼佼者。绿萝有很多变种，常见的有绿金相间的黄金葛、浅黄绿色的金叶绿萝，还有带乳白斑纹的大理石皇后，一定能打动你。

它们可以从架子上垂下来，或者用钩子挂在墙上或门框上，看上去都很可爱。绿萝还有小小的气根，能够附着在树上或墙上，不过要用一些辅助手段把气根固定在需要固定的地方。它们能长到20米高，轻松霸占你家的各个空间（当然，以最可爱的方式）。不过，绿萝也很容易驯服，定期修剪枝叶就行。

对记性不好的人来说，绿萝是个福音，它们特别有韧性，不会计较主人的疏于照顾。虽说明亮的间接光是它们的最爱，但低光照条件它们也能接受。不

STYLE NOTE

造　型　要　点

●让这翠绿的美人从书架或花架上垂下来，是最简单的做法；如果想要更强的视觉冲击，就让它们爬上墙面，那就真的是一片丛林了。

●还有一种展示绿萝的创意是建立绿萝繁殖站——把绿萝枝叶剪下来放到造型各异的玻璃瓶里。不过要记得定期换水，保持插条健康。

CARE NOTE

養 护 要 点

● 老叶变黄是绿萝自然老化的过
程。记得定期剪掉变黄的叶子，这
样绿萝才能专注于长新叶。

过，在光照较弱的环境，绿萝对水的需求也会减少。最好隔几年给绿萝换盆，不要因为觉得它们长得慢就忽略这一点。

绿萝非常易于繁殖：在芽点下方至少10厘米处剪下一段枝叶，把这段插条放进水里就可以了。如果水看起来挺干净，就每周给绿萝加水；如果水变浑了，就换成干净的水。几周后，绿萝就会长根，之后把它放到原来的花盆里，让植株更丰满；也可以当成一株新植物种下。这样你就可以慢慢构建自己的丛林，或者送给朋友和家人，都很经济实惠。

FERN LEAF CACTUS

蕨叶仙人掌＿＿羽叶昙花

好吧，其实从专业角度来说，羽叶昙花并不是观叶植物。但是这种带有史前味道的附生植物，其醒目的锯齿状"叶片"特别适合我们的室内丛林，所以一定要把它纳入我们的丛林之中。如果觉得扁平的几何形茎干不够吸引你，羽叶昙花还有同样绚丽的花朵能够带给你转瞬即逝的精致之美。花朵的中心是美妙的金色花蕊，白天开放；不过许多昙花只在夜里开，月光下的盛放真的像梦一样美！

你可能会被这种多肉的俗名（羽叶昙花）搞糊涂，这也是可以理解的。"羽叶"描述的是它的茎干形状，而实际上它是一种特殊的"仙人掌"。它原本是一种耐寒的沙漠生物，后来慢慢适应潮湿荫蔽的丛林环境，进化成丛林仙人掌。羽叶昙花迁移到热带地区后，不用再操心保持水分，却对光照更为渴望，于是它舒展光秃秃的茎干，变得更宽以促进植株的光合作用。

羽叶昙花的老家在墨西哥，它们非常容易养护。和沙漠仙人掌不同，羽叶昙花完全不能接受直射光，所以要给它们明亮的间接光。土壤表层变干就要浇水，较冷的月份则要少浇水。

LIGHT 光照

明亮间接光

WATER 浇水

中等频率

（冬季为低频率）

SOIL 土壤

排水良好

STYLE NOTE

造 型 要 点

●不管在浴室、卧室还是客厅，羽叶昙花都能融入其中，锯齿状的叶片从高架子上垂下来，在白墙的衬托下看上去特别棒。它可以和丝苇（第32页）、绿萝（第38页）组成一片层次丰富的绿色幕帘。

WAX PLANT

蜡木___球兰属

LIGHT 光照
明亮间接光

WATER 浇水
低频率+喷雾

SOIL 土壤
排水良好

STYLE NOTE

造 型 要 点

●把球兰带回家后，最好就
不要再移动它，所以一开
始就要仔细挑选摆放的位
置。我们建议将其放在明
亮的地方，这样就不会错过
它们美丽的花朵了。

很多室内植物都是因为叶片而受人喜爱，不过也有一些植物是因为它们绚丽的花朵。球兰蜡质的厚实叶片，形状、大小、色彩乃至纹理都富于变化，而它们真正的与众不同之处却是让人惊艳的白色花团，白色的星形小花还散发出甜甜的香味。

球兰原产于澳大利亚和东亚的热带地区，最适合从吊篮垂下，或沿着支架攀爬。肉质叶片厚实健壮，是非常结实的小家伙，让人省心地持续生长，喜欢盆土干透后再浇水。长在室内的球兰要完全成熟之后才会开花，即便在开花的时候也不需要过多呵护，适当养护即可。那么，对球兰来说，什么是适当的养护呢？主要是光照。要让球兰开花，最好让它接受强烈的光照，但不能是全日照。暖和的时候浇透水，冬季一定要少浇水。

球兰是附生植物，所以它们的根喜欢缚在盆上。给球兰换盆的时候，新盆只要比以前的盆大一点就行。夏季，它喜欢肥力减半的液体肥料，每两周施一次肥，不施肥也行。施肥的最佳时间是夜晚，在你把所有事情都做完，准备熄灯睡觉的时候，或是赶在空气凉爽的清晨。

BEGONIAS

秋海棠

LIGHT 光照
明亮间接光

WATER 浇水
中低频率

SOIL 土壤
排水良好

秋海棠可能深受奶奶那一辈人的喜爱，但不要以为只有老年人才会欣赏它们。室内植物世界拥有如此令人惊艳的多彩叶片，再加上它们旺盛的生命力，一定能给你的室内丛林增添许多趣味。秋海棠属有1800多个品种，我们最喜欢的是叶片像带斑点的翅膀一样的鳟鱼秋海棠、叶子圆圆像绿伞的酸叶秋海棠，还有可以开出娇嫩白花的巴西之心秋海棠。

秋海棠喜欢湿润，但是不喜欢叶片沾水，所以最好和其他喜欢湿润的植物放在一起，形成它们自己的温室微气候。还有一种增加湿度的办法是把秋海棠放在鹅卵石水盘上，既能缓慢增加空气湿度，又能避免根部浸在水中导致烂根。养护秋海棠最常犯的错误就是浇水太多。如果不是放在鹅卵石水盘上，等到土壤表面几厘米干透才需要浇水，浇水后30分钟一定要把多余的水分全部排出。

不是所有室内植物都会开花，但秋海棠一定会，而且会开出特别漂亮的花朵。不过，它们还有这么特别的叶片，你绝不会只盯着花朵看的。很多人甚至会去掉花朵，让秋海棠集中精力长新叶。

养秋海棠很快就会上瘾，你多半会和其他植物爱好者交换插条，而且急于寻求更特殊的品种。看到秋海棠又重回世界各地植物爱好者的家里，奶奶们一定很开心。

STYLE NOTE

造　型　要　点

●我们为秋海棠的叶片造型深深着迷，并把它们和肖竹芋、竹芋等其他群居品种搭配到一起。像阿诺·莱昂一样，让这些条纹和波点成为绝对主角，装扮他家的封闭阳台（第200页）。

潮流植物

the new wave

驯服了经典植物之后,你就可以将目光转向那些不太寻常的植物了。
你要花更多时间和精力追寻并照顾它们,不过一切都是值得的!

MINI MONSTERA

迷你龟背竹——姬龟背

看一眼这些小小的几何叶片，你就知道这些小家伙为什么被称为"姬龟背"，还有人叫它们迷你喜林芋，但是这种植物既不是龟背竹，也不是喜林芋。虽然和这些植物同属天南星科，但这些小家伙其实是天南星科崖角藤属的植物。

俗名什么的先放一边，姬龟背可真的是抢手的室内植物！丰盈、对侧开裂的绿色叶片，绝对是众人瞩目的焦点。最好将它独自放在某个角落，接受充足的明亮间接光。温暖的季节每个月施一次肥，就能让它们健康成长，此外不需要过多照料。

STYLE NOTE

造 型 要 点

●小巧的造型让姬龟背特别适合室内的小空间。它们长得很快，放在花架上垂下枝叶，或者沿着支架向上生长，看起来都很棒。我们喜欢把姬龟背放在卧室，这样每天早晨醒来就可以欣赏它们美丽的身影。

LIGHT 光照
明亮间接光

WATER 浇水
中等频率

SOIL 土壤
排水良好

PEACOCK PLANT

孔雀木——青苹果竹芋

LIGHT 光照
明亮间接光

WATER 浇水
中高频率+喷雾

SOIL 土壤
排水良好

青苹果竹芋绝对是我们的最爱。它有大而明艳的亮绿色叶片，上面的银色条纹会随着新叶的生长越变越大。想要获得和它的俗名"孔雀木"一样绚丽的效果，就充分展示它招摇的大叶子，并且搭配秋海棠和条纹十二卷效果最佳。

当然，想要欣赏青苹果竹芋的美就必须付出一些辛勤的劳动，而且这位小公主真的需要你小心对待。干燥的空气会让叶尖变成棕色，所以要远离强风和空调出风口。最好定期给它们喷水，保持土壤湿润，但不能积水。青苹果竹芋还对矿物质很敏感，所以浇水和喷水最好都用纯净水，或是静置24小时的自来水。还要注意，相比喷洒叶面亮光剂，我们更推荐定期用湿布擦拭叶片——"女神"要的就是天然！是的，女神需要精心呵护，但是你会收到这位美人日复一日的由衷谢意。

每隔几年，你可以在春天通过分株的方式繁殖自家的青苹果竹芋。从根部把植株分成两半，然后赶紧放进新的盆土中。为分开的植株提供温暖湿润的条件，它们就能快速生长啦！很快，你就会有一大家子青苹果竹芋，每个房间都能放一盆。

STYLE NOTE

造 型 要 点

● 青苹果竹芋和其他竹芋搭配在一起效果最好。不同造型的竹芋叶片可以营造出最佳的视觉效果。不仅如此，这些竹芋都需要精心照顾，所以放在一起还省了不少麻烦。

LIGHT 光照
明亮间接光

WATER 浇水
中等频率

SOIL 土壤
排水良好

SATIN POTHOS

银星绿萝 ——小叶银斑葛

尽管枝叶垂下的样子神似经典的绿萝，但银星绿萝并不是绿萝。（哎，看这些名字起的！）虽说如此，带有少许银色斑点的深绿色心形叶片，无疑让银星绿萝成为你的植物群落中最受瞩目的爬藤植物。

和所有彩叶植物一样，它们接受的光照越多，色彩就越鲜明，不过银星绿萝也能在弱光下存活。它们不算挑剔，但不喜欢积水的土壤和冷风。及时修剪长势疏落的藤尖，会让植株更加茂密；剪下来的枝条在春天和初夏很容易就能长成新的植株。令人欣慰的是，只要照顾得当，它们便能抵抗害虫侵袭；但是如果土壤太潮湿，导致根部腐烂，植株抵抗力降低，则会给病虫害可乘之机。所以，只要避免浇水过量，你的银星绿萝就不会有害虫。

STYLE NOTE

造 型 要 点

●在野外，银星绿萝会沿着树干向上攀爬或在地面匍匐生长；在室内，它们喜欢待在吊盆里，或是在客厅或卧室的架子上得意地炫耀自己的藤蔓。

HORSEHEAD
PHILODENDRON

马头喜林芋——琴叶喜林芋

LIGHT 光照
明亮间接光

WATER 浇水
中等频率

SOIL 土壤
排水良好

喜林芋是我们最爱的一类室内植物。（心叶喜林芋和红金刚就摆在我们面前！）它们很容易照顾，能给家里增添令人愉悦的热带风情，谁会不喜欢呢？想要不一般的喜林芋，那就选裂叶或琴叶喜林芋。小提琴形状的亮绿色优雅叶片能长到25厘米宽、45厘米长，一定会成为你的室内丛林代言人。

在它们的老家南非，琴叶喜林芋是一种爬藤植物，所以用一块树桩支撑叶片，效果会更好。它们不需要特别照顾，明亮间接光、土壤表层变干就浇水，一次浇透，对它们来说就够了。

STYLE NOTE

造 型 要 点

●除了沿着树桩生长，琴叶喜林芋叶片伸展并下垂，视觉效果一样惊艳。不过要给这位美人留出足够的空间伸展——客厅中央靠前的位置，或者封闭的阳台，都很适合它。

造 型 要 点

● 荣耀蔓绿绒应该成为你
家客厅或卧室的焦点——
它能给任意一块明亮的空
间增添曼妙的热带风情。

LIGHT 光照
明亮间接光

WATER 浇水
高频率

SOIL 土壤
良好的保水性

GLORIOSUM PHILODENDRON

荣耀蔓绿绒

荣耀蔓绿绒是一种光彩照人的植物，宛如一位柔和的女神。戏剧化的巨大叶片生长十分缓慢，不过这只会让我们更加期待它带来的惊喜。它枝叶舒展，不会攀爬，叶片从木质茎上冒出来；茎干或长出地面，或待在土下，因此被归为陆生喜林芋。心形叶片表面像天鹅绒一样精致，上面刻有鲜明的粉色或银白色叶脉，会随着叶片的生长而愈发明艳。

荣耀蔓绿绒是喜林芋中长得较慢的一种，比一般的室内植物需要更多的照顾，但它的确值得你为之付出。明亮的光线必不可少，还要让土壤和周围空气保持湿润。

VELVET LEAF PHILODENDRON

云母蔓绿绒

不同色彩和质地的植物搭配在一起，会让你的室内丛林大放光彩。如果想给充满生机的绿色增添一些不同寻常的色彩，那么云母蔓绿绒就是你的首选：优雅的古铜色心形叶片一定不会让你失望。

它真是出众的美人，叶片不仅颜色特别、质地柔软，还有彩虹般的光泽。云母蔓绿绒——这名字取得恰如其分——虽然不常见，但非常好养。

温暖的季节，保持土壤湿润，还要定期给叶片喷水。不过，天冷了就要让它们保持较长时间的干燥。虽说它们喜欢明亮的间接光，但稍弱的光线也能接受。

STYLE NOTE

造 型 要 点

● 云母蔓绿绒是一种藤蔓植物，所以既能沿着树桩生长，也可以潇洒地垂下。

● 它还能通过茎插繁殖，谁不喜欢这个善变的美人呢？一旦插条生根，就可以把它们栽进陶土花盆里，静待丝绒叶片的生长。

LIGHT 光照
明亮间接光

WATER 浇水
中等频率+喷雾

SOIL 土壤
排水良好

PURPLE SHAMROCK

紫叶酢浆草

可别以为这种特别抢手、光彩照人的室内植物给我们带来的只有欢乐。实际上酢浆草是一个大家族，包含很多种植物，其中一些没少给园艺师添麻烦。不过，多数情况下，我们都不能因为某些家伙的行径而看低整个酢浆草家族！紫叶酢浆草的叶片像紫色的蝴蝶翅膀一样在纤弱的茎干上晃动，它们甚至会随着昼夜交替而一张一合。

STYLE NOTE

造 型 要 点

●想要衬托紫叶酢浆草鲜明的叶色和造型，就得搭配一个好看的中性色花盆。我们喜欢用有纹理的手工瓷盆，不过造型一定要简洁。

LIGHT 光照
明亮间接光

WATER 浇水
幼株中等频率，
成株或进入休眠期时
变为低频率

SOIL 土壤
排水良好

紫叶酢浆草又被称为"爱之草"，因为和三叶草感觉相像，又俗称"假三叶草"。除了精致的叶片，它还有小巧的淡紫色或白色钟形花朵，随意地在叶片上方开放。紫叶酢浆草可真是个小可爱，我们喜欢让它长得亭亭玉立（不要长成一丛）。不需要像其他植物一样定期转动它们，对这种植物来说，不对称的造型更棒。长势良好的紫叶酢浆草高度和宽度可以达到50厘米；任何人看到它都会为之着迷。

不过这种植物有个奇怪的现象：它们会休眠，一般每隔2~7年就会进入休眠期；错误的养护或疏于照顾，也会导致这种现象。此时，它们的叶子会相继死掉，植株仿佛也随之逝去。但是别担心，几周之后，它们就会重现生机。剪掉死去的叶片，让植株休息，远离明亮光线，减少浇水频率，直到新叶长出。这时候就可以把它们搬回原来的位置，规律浇水就行啦。

SWEDISH IVY

瑞典常春藤

LIGHT 光照
明亮间接光

WATER 浇水
中等频率

SOIL 土壤
排水良好

虽说瑞典常春藤在瑞典成为受欢迎的室内植物，而且它们的枝叶和普通常春藤一样瀑布般地垂下，但实际上这种特别容易照料的美人既非产自瑞典，也不是常春藤！它们特别适合植物新手，而且我们说的好养是真的非常好养。这种美妙的室内植物，不需要你多费心，就能长得很好，为你的室内丛林贡献美丽的叶片。

理想状况下（明亮间接光），瑞典常春藤会长得很快。只要保证时不时给它做个修剪——去掉变黄或死去的叶片——并修剪成想要的形状，它就能呈现最佳状态。

STYLE NOTE

造 型 要 点

● 吊篮能让瑞典常春藤柔软的叶片从高处曼妙地垂下，还能提供足够的生长空间；让它在高架子上摇摆也是不错的选择。

造 型 要 点

●绝不能把它藏起来。这
种罕见的不寻常的美，一
定要让它处于植物群落的
前排和中心位置，或是成
为极简风格房间的焦点。

LIGHT 光照
明亮间接光

WATER 浇水
高频率

SOIL 土壤
排水良好

ORNAMENTAL YAM
观赏薯蓣

观赏薯蓣是这本书中最奇特的植物之一，它美丽却难觅踪迹。这种引人注目的爬藤植物原产自厄瓜多尔和巴西，心形叶片上会出现许多性感的纹路。深绿色的叶片会随着植株的成熟而变大，上面布满银色叶脉和随机泼洒的深红色、黑色斑点；叶子背面是浓烈的粉紫色，像极了一幅生动的水彩画。

有趣的是，观赏薯蓣的茎会逆时针缠绕，所以虽然枝叶纤弱，它却能向上生长。除了美妙的叶片，它还能开出白色小花，散发香气，小小的花朵朝下聚成一簇。可惜它基本不会在室内开花，但是有这么好看的叶片，谁还会在乎花呢！

这种植物在充足的光照下会茁壮成长。它们尤其喜欢清晨或傍晚的直射光，最好放在无遮挡的窗边，保证它们一天可以至少晒4个小时太阳。充分的明亮间接光也可以。它们喜欢喝水，所以要定期浇水。冬季气温下降，观赏薯蓣会开始休眠，渐渐只剩下根部的块茎。此时，停止浇水，让块茎完全干透；等春天来了再浇水，它们就会重新开始生长。观赏薯蓣能抵御大部分病虫害，而且容易照顾，最难的是如何找到一株把它带回家！

SWISS CHEESE VINE

甜芝士藤——仙洞龟背

LIGHT 光照
柔和明亮的间接光

WATER 浇水
中等频率+喷雾

SOIL 土壤
排水良好

龟背竹爱好者的又一选择：仙洞龟背。作为龟背竹（第24页）的爬藤近亲，它是一种更精致的植物。纤细的枝叶少了些几何线条的凌厉，但它无与伦比的孔洞叶片能爬20米高。人们常常把它和窗孔龟背竹搞混，后者的叶片更细长，孔洞更大，而且比仙洞龟背更难寻觅。

仙洞龟背产自中南美洲，是很好养的外来植物，而且一定能让你的空间焕发光彩。它喜欢明亮的间接光，修剪枝叶能让植株维持整洁饱满。如果发现植株徒长，叶片变小，就缩减枝叶，促进新叶生长。插条只要带有芽点，并且长度超过10厘米，就能放在水里或者直接放进新配好的盆土中，任其生长。

LIGHT 光照
明亮间接光

WATER 浇水
中等频率

SOIL 土壤
排水良好

VARIEGATED SWISS CHEESE PLANT

花叶甜芝士树——花叶龟背竹

人们对花叶植物的追捧似乎从未停歇，其中最受青睐却又最难寻觅的就是花叶龟背竹。它绝对是社交媒体上的宠儿，网上一段插条的价格都高得离谱，真是炙手可热。常见的花叶变种有两种：叶面上有大块乳白色斑纹的白锦龟背竹和拥有更多斑点的洒金龟背竹。这两种都特别漂亮，得到其中一株你就是幸运的植物主人，更别说集齐两种了！

叶片的白色部分没法吸收叶绿素，也就是说花叶龟背竹需要更努力地进行光合作用。它们通常长得很慢，比普通的龟背竹需要更多光照。所以，定期擦拭叶片（用湿布或者给它淋浴）是关键，这样它们才能尽可能吸收光线，维持叶片生长。小心别施太多肥，它们对土壤里累积的盐分很敏感。

STYLE NOTE

造 型 要 点

●我们喜欢把花叶龟背竹和普通龟背竹搭配在一起，来突显它们叶片上不寻常的斑纹。到时候，你就要想办法摆脱眼红的植物爱好者，甚至得用上小棍子，因为他们会一直追着你讨要花叶龟背竹的插条。

CURLY SPIDER PLANT

卷叶蜘蛛草——卷叶吊兰"邦妮"

20世纪70年代风靡一时的吊兰——想象那时流行的编织吊篮和藤蔓植物——已经沉寂了一段时间。好在它们和大部分事物一样，又再度成为潮流，我们也得以再次领略这种好养活的植物的风采。如果想要一些与众不同的异域风情，就选择不同于壮硕的普通吊兰的卷叶吊兰"邦妮"，可以给你的桌面增添些许可爱的气质。卷叶吊兰和普通品种一样好养，但又多了几分活泼。不仅如此，它还是NASA（美国国家航空航天局）首推的空气净化植物，可谓一举三得。

百合科的吊兰属有近200个品种，20世纪90年代最流行的是中斑吊兰，叶片从中心长出宽宽的白色条纹。邦妮也有一样的纹路，不过会随着叶片一起卷曲翻转。吊兰不会过分讲究，光线不足也能生长，所以常被放在浴室里。它们也因此不幸获得"厕所植物"这个不太光彩的名号。但说实话，卷叶吊兰值得我们更多的关注。它最特别的地方是自己会长出被称为侧枝的"后代"，像个小蜘蛛一样挂在下方。把这些小家伙摘下来种到盆里，就是一株新的吊兰。

卷叶吊兰不需要太多肥料，施肥太多会影响侧枝生长。保持植株水分均衡，不要浇太多水，不然叶子会变成棕色。水中氟化物过多，会导致吊兰叶尖被烧，所以浇水时尽量用纯净水。如果出现这种情况，就用剪刀斜着剪掉叶尖，看起来就会像没事一样。卷叶吊兰不喜欢寒冷，喜欢恒温的环境。

STYLE NOTE

造 型 要 点

● 让卷卷的"小蜘蛛"从花架上垂下，带我们回到20世纪70年代，感受那时的律动吧！

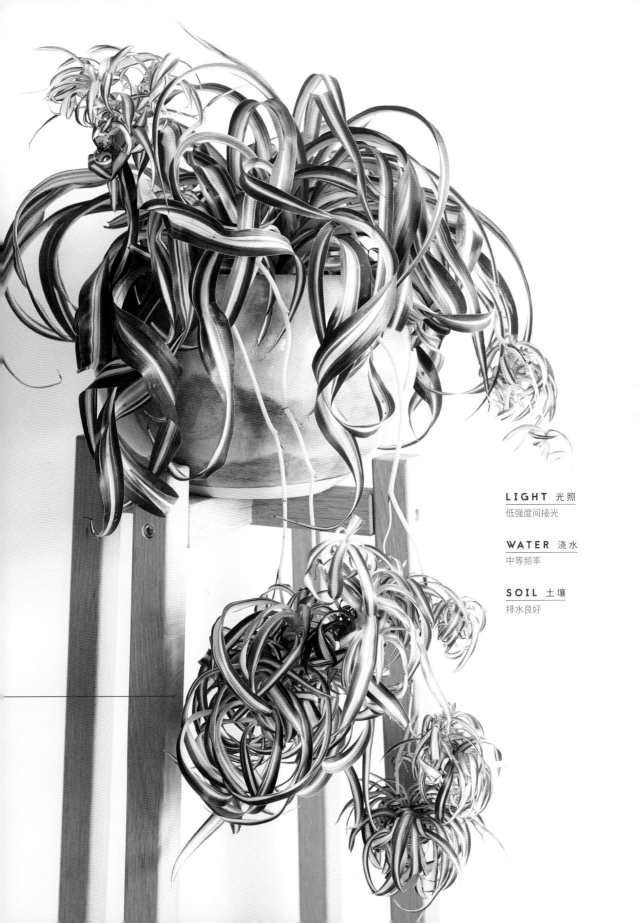

LIGHT 光照
低强度间接光

WATER 浇水
中等频率

SOIL 土壤
排水良好

ZEBRA ALOCASIA

斑马海芋

LIGHT 光照
明亮的间接光

WATER 浇水
高频率+夏季喷雾

SOIL 土壤
排水良好

斑马海芋的茎上有黄黑相间的条纹，就像你猜到的斑马，因此而得名。斑马海芋的家乡是菲律宾的一座小岛，这种独特的植物长着大大的翠绿油亮的箭头形状的叶片；叶片总是朝着明亮的光线生长，所以要定期转动花盆，让植株长势均衡。你也可以让它朝着一边的光线生长，形成更戏剧化的效果。

和其他海芋一样，条件适宜的情况下，斑马海芋长势迅猛。新枝总会超过老枝，最高可达1米，成熟后的植株令人过目难忘。

不过海芋是出了名的难伺候，不管新手老手都会在它们那里碰钉子。斑马海芋对光线和湿度的要求很高，夏季更是如此。温暖的季节，要定期浇水；冬天它们会进入休眠期，枝叶枯萎，这时则要少浇水。它们的根部不喜欢寒冷，所以浇水时要用温水。喷雾能营造斑马海芋喜欢的湿度，但是一旦叶尖开始滴水，就要减少水量，增加光照。

STYLE NOTE

造　型　要　点

● 这个美人的茎干和叶片一样好看，所以一定要放在特别的地方，好让每一部分都得到充分展示。

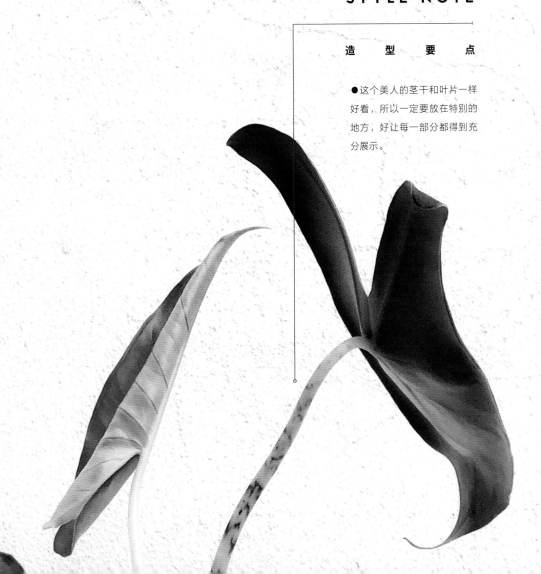

第三章　SECTION THREE

植物风格

家和工作空间是我们展现自我个性与风格的独特平台，

色彩搭配、艺术品、家具及家居用品都能展现我们的美学理念，当然植物也可以。

与那些无生命的装饰品不同的是，它们是活的，需要我们的关注；区分这一点很重要，

不要以为把植物引入室内和选靠垫或挂毯一样轻松。

培育室内植物，不仅要给它们无微不至的照顾，还要考虑植物风格。

YOUR PLANT STYLE

你的植物风格

详细评估家中环境,着手设计情绪板,并且具备一定的植物养护常识,现在你完全可以开始探索植物世界,构建自己心中的丛林美学;而不再仅仅满足于让植物在家里活下来。

说到风格的打造,最关键的一定是跟随自己的直觉。没有严格规定一定要怎么做,所以你不会感觉束手束脚,这正是你挥洒创意的好机会。当然,室内装饰的流行风格总是变来变去,但是相信我们,角落里的黄铜落地灯会过时,但你的龟背竹能带给你长久的快乐。不盲目跟随潮流,才能让你专心在家中摆放那些真正让你快乐的植物。

可能你家的风格已经成形,那么引入的植物应当衬托或提升现有元素。把植物看作一个美好的收尾,为你的家增添层次和质感。带回家装扮植物的饰品也应当契合整体的视觉风格。不管是栽种植物的花盆,还是养护植物用的工具,都有装饰作用。黄铜喷壶看起来就像植物旁边的一个可爱按钮,按下去就能给植物喷洒所需的水分;一把合适的修枝剪,除了修剪枝叶和帮助繁殖,即使只是摆在植物旁边也很好看。

打造植物风格需要考虑以下几件事：

植株形状、大小和生长类型 说到摆放植物，就要考虑它们的形状（是树形、直立生长、爬藤植物还是垂吊植物），还有它们目前的大小及未来的长势，这些会帮助你决定植物放在哪里最合适。橡皮树和龟背竹等植物长势旺盛，需要给它们留出充足的空间，让枝叶舒展。更大的植物最好放在地上，用几何形花盆充分展示叶片戏剧化的装饰效果。将绿箩和爱之蔓这样的垂吊植物放在花架上、架子顶端，或用吊盆悬挂起来，让枝叶垂向地面。

植物搭配效果 有相同需求的植物放在一起，不仅能节省养护时间，还能营造让植物受益的微气候。最好把不同叶片质地、生长类型和不同容器的植物组合到一起。室内空间有限的情况下，用几组小盆栽装点屋内的书桌和架子，小公寓一下子也有了自己的绿色元素。三五株植物搭配成一组，比偶数组合的视觉效果更好。

叶片的质感和形状 将带有图案、纹理或五颜六色的叶子（比如秋海棠、竹芋和蕨类），与更简洁的几何形叶片搭配在一起，能增加室内丛林的层次和趣味。如果你敢于尝试，可以把叶片造型更奇特的植物组合到一起。

choosing the right vessel

选择合适的容器

不管是手工制作的瓷盆，还是饱经风霜的陶土罐，与植物搭配后的整体效果实际上远远胜过各部分之和。为你的植物选择完美的栖身之处，既要考虑视觉效果，也要兼顾功能性。从实用角度来说，花盆一定要能够促进植物良好生长：也就是说，最好可以适当排水，方便给植物浇水；此外，还要给根系留出足够的生长空间。从视觉角度来说，你选的花盆应当能够衬托植物的叶片，还要与你的室内丛林风格相统一。

买回家的植物很多都是装在塑料盆里，尤其是在家附近的苗圃买的植物。这些自带的容器，虽然不起眼，但能为植物提供理想的排水功能，而且没有必要到家就立即把它们换掉。除非植物的根已经从塑料盆底冒出来，或你已经为买来的植物选定了一个花盆，这时候可以直接换盆。遮盖塑料花盆最简单的一个方法就是把它藏在另一个花盆里面。外面套着的这个花盆，一般没有排水孔，但是足够大，塑料花盆放进去还余下不少空间。你可以直接在套盆里给植物浇水（省得把塑料盆一个个搬到厨房水槽）；不过可别忘了，在浇水30分钟后，要及时倒掉套盆里多余的水。

挑选花盆的时候，要考虑室内装修风格、家居用品和现有的空间色彩搭配。给室内植物选择的容器要与家里的风格一致，还要能衬托里面的植物。如果你家的风格大胆、不拘一格，那完全可以选择色彩明亮、图案生动的花盆。不过要注意，这种花盆应当突显植物的优势，不能让它们抢去花叶或拥有丰富纹理的植物的风头；这些植物要用中性风格或有机材料制成的花盆才能更好地衬托它们的光彩。

想象植物和花盆放在家中的样子也很有必要。把同种材质（如陶土盆）不同大小的花盆摆在一起，会有出人意料的效果。如果你和我们一样，沉迷于好看的手工瓷盆，就想想怎么把不同的形状、质地

◀ 室内植物叶片的形状和质地各异。我们喜欢这盆大麻叶花烛叶子的星形排列，它们通常被称为"假大麻"。

some other vessels to consider ...

其他种类的花盆

● **自吸盆** 这样的花盆会从盆底的储液器直接吸水到盆土中，特别适合你丛林中的波士顿蕨和铁线蕨这样爱喝水的植物，让它们能持续生活在湿润的土壤中。自吸盆还适合那些经常出差，或者没法按时满足植物水分需要的人，方便他们使用。

● **吊盆** 这种花盆最适于展示青翠的下垂枝叶，让它们像瀑布一样垂向地面。一定要确保吊盆有足够的支撑，可以用钩子挂在结实的房梁上，或是挂在坚固的轨道上。

和饰面搭配到一起。变换容器和植物的搭配形式能带来丰富趣味，特别是许多植物组合到一起的时候。我们喜欢在自己的城市溜达，甚至逛到更远的地方寻找小手工作坊和工匠。这样既能淘到特别的花盆，还能支持那些有创意的人把自己的灵魂注入美好的手工艺品中。这感觉可真棒！

植物在你家中摆放的位置也能帮助你选择花盆的类型。你或许想要用一株成熟的室内树木填补屋内一个空荡荡的角落，考虑到栽种之后的花盆重量以及浇水方式，选择轻质的混凝土花盆就比那些结实的容器更为合适。你可以把树木种在塑料花盆里，然后连带托盘一起放进套盆，这样不仅便于浇水，必要的时候也便于移动植株。选择直接种在选好的花盆里就一定要考虑清楚，因为这样植物移动起来会更费力，而且必须要在底部放一个托盘来盛放浇水后排出的多余水分。

简单的几何花盆能够为大型焦点植物营造一种坚实的视觉基础，让植物成为视觉中心。这类花盆多为白、黑和灰3种颜色，有些也会涂上简单的几何花纹，简洁的美感不会和室内其他元素产生冲突。不同大小的植物聚在一起，搭配形状各异的中性色花盆，能产生很好的视觉效果。不管是蛋形花盆、高高的圆筒盆，还是浅浅的圆盆，只要统一色彩搭配和植物选择，就能构成和谐美好的组合。具有相似养护需求的植物放在一起，不仅好看而且便于维护。一株大大的热带鹤望兰，配上一盆龟背竹和喜林芋，就是完美的组合：它们都能在明亮的间接光下茁壮成长，叶片形状和植株形态又不尽相同，相得益彰。

除了更传统的花盆，我们还喜欢用编织篮这样的容器来遮盖里面的塑料花盆，这也是一种非常实用的做法。这种较实惠的轻质套盆特别适合留存时间不长的室内丛林（说的就是你们，热爱植物的租客们），还有那些喜欢随心情给植物调换位置的人。藤编篮也是一种特别适合室内植物的有机容器，它把人一下子带回20世纪70年代——那个室内植物还是社交硬通货的时代。现在这种复古风又受到推崇，你可以在市场上买到特别棒的藤编花架，摆上绿植就是一道美丽的风景。

❯ 图中这种好看的轻质藤编篮，来自拜伦湾的尼卡商店，特别适合做室内植物的套盆。不过要在花盆底部放一个托盘盛放流出来的多余水分。

tool kit

植物养护工具

那句话怎么说来着？"工欲善其事，必先利其器。"有了合适的工具，打造和维护你的室内丛林会变得更加愉快、效率更高。下面来介绍我们的必备工具。

修枝剪或剪刀 方便剪掉死去的枝叶，或平整地剪下繁殖插条，还能用来缩减枝干。要注意清洁，维持刀口的锋利。

浇水壶 可能需要大小不同的好几个，但是最理想的是准备一个长嘴壶，它能把水分精准地送到土壤中。水壶倒空后再马上灌满，这样就能保证每次都有纯净水可以用了。

喷壶 经常给喜欢湿润的热带植物叶片上喷些水，用喷壶或喷雾器就能轻松实现。早晨最适合喷雾，但是一定要保证良好的通风，不然水分会滞留在叶面上。

湿度计 市面上有各种湿度计可供选择，任谁有了它都知道什么时候该给植物浇水。有些湿度计是插在盆土中的，还有一些是在浇水时用的。如果你是个科技控，还可以选有手机app的那种，可好用了！

围裙、手套和口罩 处理盆土（尤其是换盆）的时候，有必要采取一些防护措施：围裙能保持衣服整洁，手套和口罩能防止接触或吸入盆土中的脏东西。

托盘 准备在室内栽种植物的人，尤其需要一个浅盒或浅盘，在里面栽种就不会把室内搞得一团糟了。

簸箕 落在托盘外的垃圾,用簸箕可以很快地把它们处理掉。清除土壤和落叶也非常轻松。

花架 给你的丛林增加高度变化,还能让植物远离地板或桌面。花架有各种材质,最常见的是木头和金属。

挂钩 无论你是想让爬藤植物向上攀爬、布满墙壁,还是挂上吊盆,各种形状和大小的挂钩都是不可缺少的植物造型工具。

花盆和容器 这里的选择真的是多到不行(我们已经在85页详细介绍了各种花盆),不过为植物选择完美的家,既要考虑功能性,又要兼顾美感,这样植物才能茁壮成长。

植物支架 支撑植物直立生长、控制藤蔓方向必不可少的工具,材质和厚度各不相同。不管是瘦长的竹竿还是厚重的水苔柱,都只需固定在土壤中,然后用麻绳或细线把主干固定在支架上,植物就会按照你想要的方式一直生长、不断生长。

< 一些我们最爱用的室内丛林养护工具,顺时针方向分别是:Cultiver[1] 亚麻围裙、复古玻璃喷雾器、Light+Ladder[2]浇水壶、Kent&Stowe[3] 修枝剪、RT1home[4]换盆用防水油布、Menu[5]簸箕和扫帚、Moebe[6]黄铜墙钩。

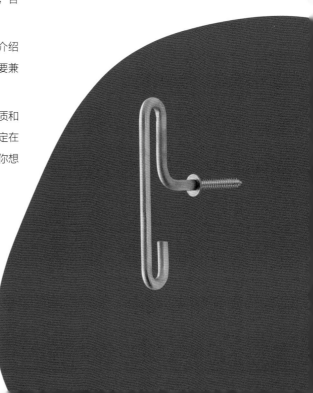

---

1 澳大利亚家纺品牌。
2 美国园艺用品设计品牌。
3 英国园艺工具品牌。
4 洛杉矶家居园艺用品设计品牌。
5 丹麦家居设计品牌。
6 丹麦家居设计品牌。——译者注

PLANT STYLE: ROOM BY ROOM

植物风格：
我们一个个房间去感受

说到打造室内丛林，我们认为，家里每个房间都会因为拥有绿植而焕发光彩。把植物引入每一个空间，一定会受到光照和温度条件的制约，但是只要条件合适，你有各种方式可以让室内充满生机。接下来，我们会一个个房间去感受植物是如何巧妙地装饰家中的每个角落。绿植是室内风格最佳的点睛之笔，可以丰富空间形态、色彩和质地，衬托家中的美学气质，并且让家与自然紧密联结。

IN THE BEDROOM
卧室

卧室的关键作用就是营造一个让人感到放松的避风港，因此最适合摆放青葱繁茂的植物。那些能够真正让空间变得柔和、营造宁静祥和的氛围的植物，应当待在我们休息的空间。在卧室放绿萝、吊兰和虎尾兰等擅长净化空气的植物，能让你在夜里呼吸顺畅，获得最佳质量的睡眠。

大一些的卧室，选择造型感强的焦点植物，种在好看的花盆里，再配几盆略小一些的放在花架上，你就可以欣赏它们高低错落的美感。想要一些大小上的变化，就在床头柜上放些小绿植，或者让它们在梳妆台两边垂下枝叶。你还可以尝试在天花板钉几个钩子挂垂吊植物，或者直接把这些植物挂在现成的窗帘杆上。

就算你的卧室很小，也不必忍痛舍弃绿植。在床头上方的适当高度安装一个支架，让热带植物从上面垂下枝叶，不仅好看，还是引人注目的室内焦点。左页就是园艺师托马斯·丹宁在主卧床头上方打造的时髦花架（192页详细介绍了丹宁位于墨尔本的摆满植物的公寓）。如果你也想在卧室做一个这样的植物造型，要注意以下几点：

1 确保所有花盆都配有托盘（越深越好），来接住多余的水分；床褥可千万不能被打湿啊！

2 一定要请专业人士安装支架，保证能够承受植物的重量；一早醒来被花盆砸到脑袋可一点都不舒服！

3 不要只摆放一种植物，选择不同植物来营造质感和层次的趣味变化。

4 放在花架上的植物最好是不需要频繁浇水的种类，因为每隔几天就要给它们浇水实在是太费劲了。而且说实话，死掉的植物可没法在你头上营造梦想的丛林氛围。绿萝、丝苇、球兰和爱之蔓是最好的植物组合，都能优雅地垂下它们的枝叶。

将小盆栽放在床头柜上，既能很好地衬托大型绿植，又增加了尺寸变化，营造生动的视觉效果；就像图中的尼克·西蒙尼家一样（详见210页）。

STYLE NOTE

造型要点

●将蔓生植物和直立植物的组合放在
床头柜上，营造形态变化的趣味。

●小花架特别适合紧凑的空间。一株
空气植物待在小瓷托上，安静沐浴在
床头灯的温暖光线中。

STYLE NOTE

造 型 要 点

●宽敞的客厅里，叶片形状各异的成
年植株组成质感丰富的丛林。再加上
枝叶丰满的垂吊植物，就像图中的摄
影工作室Clapton Tram那样，不同层
次的绿色从地面一直延伸到屋顶。

IN THE
LIVING ROOM
客厅

我们大部分时间都在客厅，聚会、社交、吃东西和放松，有时就是静静地待在这儿，什么也不做，所以还有什么地方比这里更适合放纵自己的想象、满足自己对丛林最深切的渴望呢？对那些有时间和意愿打算好好给家里添点绿色的人来说，客厅作为家中相对较大的空间，正是实现这一愿望的地方。空间有限的室内，可以选择造型感强的植物，比如放一盆成年的天堂鸟或龙血树在空无一物的角落，就不会占用太多宝贵的地面空间。可种在室内的木本植物，比如一株高大的瘤枝榕，摆在明亮的角落，会成为令人难忘的视觉焦点。假如挺拔的植物在客厅太扎眼（或为了丰富大叶片的尺寸变化），你可以在茶几或置物架摆上各色小型植物形成对比。用绿色柔化大型家具组合的线条，能掩盖电视机等没那么赏心悦目的元素。

为客厅选择焦点植物的时候，以健康茂盛的植株最为适宜。就像俗话说的，要选就选对的！像龟背竹或裂叶喜林芋的几何形叶片就能在简单背景的衬托下脱颖而出。白墙绿叶可形成鲜明对比，或者为什么不把墙面漆成更大胆的绿色，进一步渲染丛林氛围呢？尽量给焦点植物充足的空间，这样它们才能真正散发光彩。一定要定期擦拭叶片才能让这些植物保持最佳状态，它们的叶子和家具一样容易积灰。客厅的另一个绿色主角则是爬满整面墙的绿萝。合适的条件下，垂吊植物很快会铺满整面墙壁，最好用透明小钩子把枝叶固定在墙面上，再用叶子盖住钩子，营造一墙的生机。

组合植物群落的时候，一定要把大株植物放在后面，接着依次向前是中型和小型植物。你可以用花架营造高低错落的感觉，还可以混合不同大小和质地的叶片，搭配深浅不同的绿色，同时兼顾叶片上不同纹理的变化。此时你会想要直立生长的植物，因为垂吊植物没法好好待在地面，而且横生的枝叶还会让植物群落看起来太厚重。一定保证叶片没有相互接触，植物可以离得很近，但要留出呼吸的空间。植物如此亲近地待在一起，还能形成一种微气候，增加空气湿度，浇水也因此变得更容易。

造 型 要 点

●我们喜欢单独放在客厅
的植物有橡皮树、龟背竹
和棕榈。这些植物在图中
这个光线充足的柏林公寓
（详见120页）里形成绝
佳的装饰效果。

IN THE KITCHEN
厨房

虽说厨房不是摆放室内绿植的首选位置，但还是有很多案例用植物在这个地方实现了意想不到的装饰效果。如果你家厨房幸运地拥有一块阳光明媚的地方，可以摆上几个小花盆，里面种些香草，做饭的时候随手就能摘取需要的调料。我们自己就在厨房里种了龙蒿（特别适合给烤鸡调味）、欧芹（可以点缀任何一道菜）、罗勒（温暖季节长得特别好，而且最适合做比萨）、百里香（做汤用）和薄荷（给沙拉和冷饮调味）。还有莳萝、牛至、柠檬草、细香葱、香菜，以及不太常见的紫苏、马郁兰和车窝草，都是给食物增添风味的香草。我们再也没想过去超市买调味料了。

你不需要花费太多时间考虑怎么摆放厨房里的这些食用植物，常见的热带绿植放在这里也很好看。厨房的植物风格就是不会占用宝贵的台面：地面上一株纤长的树，或是窗台上一字排开的小盆栽；把植物挂在天花板上也能有效节省空间。芦荟是最棒的厨房植物，因为它的凝胶能够舒缓厨房小事故带来的烧烫伤。有时候跳出常规也不错：把牛油果的种子或是一整个红薯（只要没被喷上油或清洁剂）丢进玻璃瓶，然后等它们发芽。大自然就是这么神奇，每天早晨边煮茶边观察它们生长，真是别具风味的体验。

有几点需要注意：

1　让植物远离高温的烤箱和炉灶，它们可不想感受温度的剧变，更不想被灼伤!

2　那些要吃进肚子里的东西千万不能沾上清洁剂。

3　别种那些会长得太大的植物。厨房里，充足的活动空间永远是第一位；手里端着炖菜的你，肯定不想胳膊撞到什么东西，然后弄洒精心准备的晚餐。

STYLE NOTE

造　型　要　点

●空间有限的小厨房里，垂吊植物就成了引入绿植的最佳方式，而且不会占用台面空间。

●在窗台上摆放小盆栽，充分利用那里明亮的阳光；这里还特别适合栽种可食用的香草，做饭的时候随手一摘就有烹饪调料。

IN THE BATHROOM
浴室

浴室有两点利于摆放植物：一是离水源近，二是洗浴能带来较高的空气湿度。喜欢湿润的植物，比如蕨类、兰花和吊兰，在这种环境中会长得很好。不过有一点要注意，特别热的淋浴蒸汽会伤害一些比较脆弱或敏感的植物叶片，所以要选择长叶肾蕨等结实的品种，它们能够适应温度的急剧变化。浴室里的植物格外需要通风，这样它们的土壤不会太过潮湿，叶片也能保持干爽，不容易滋生真菌和霉菌。

出于保护隐私的需要，浴室往往光线较暗，所以要考虑植物对弱光照的耐受性，比如球兰和绿萝就能够适应浴室光照。如果你家幸运地拥有一个阳光灿烂的浴室，光线通过天窗或落地窗照进来，你就可以在这里繁殖植物；不占用太多空间就能营造视觉趣味，何乐不为呢。你需要为此准备各种花蕾形状的小玻璃瓶，放在窗台或小支架上正合适。从现有植株上剪下一根干净的插条放到水中，确保没有叶片在水面以下。插条会在几周后生根，你可以让它们继续长在那儿，也可以重新种到花盆里，给你的植物帮派再添一员。不过要注意让这些娇嫩的插条远离强光照射。

在空间较小的套间浴室，可以尝试引入更小的绿植，并充分利用现有元素放置植物。挂浴帘的杆子和吸附在瓷砖上的挂钩可以悬挂或固定绿植，优雅地装扮浴室的有限空间。鹿角蕨、本土兰花和其他附生植物（长在其他植物表面，不直接接触土壤，而是从落叶、空气和水中吸收营养物质）是最合适的选择。租客们若想要掩盖老旧的浴室，或是不满意某些浴室内的装饰，那么植物正好可以发挥作用。在马桶水箱上摆一盆垂吊植物，或是用一组小盆栽掩盖丑丑的洗手台，人的视线就会不由自主地被青翠的枝叶吸引。

IN THE WORKSPACE
工作场所

我们平时的大部分时间会花在工作上，如果工作的地方缺乏灵气和美感，就很难激起员工工作的动力。所幸，现在许多雇主已经认识到打造美好工作场所对提升创意、生产力和员工士气的积极作用，而植物就在其中扮演着重要角色。一项英国研究发现，有植物的工作场所，工作效率可提升15%。其他相关研究也证实，植物与提升幸福感和自尊之间存在联系。

从视觉角度看，植物不仅能够让工作场所充满生机和色彩，还能提供一种近乎冥想的体验，让员工更开心、更健康。亲近自然设计（biophilic design）就在探索人类在人造环境中与自然界保持联系的重要性。而绿色办公空间被认为具有提升大脑活跃度、降低压力、调节激素水平等心理调适功能。

遗憾的是，不是所有人都能有幸在光线充足的改造厂房里工作，每一天都能被绿植环绕。很多办公室缺乏自然光照和新鲜空气（这是植物最喜欢的两个生长条件），那里的植物看上去都无精打采。幸好还是有一些植物能在这种不尽人意的环境中生存，让你的工作场所看上去更舒服。肯尼亚棕榈、雪铁芋、虎尾兰、白鹤芋和绿萝都是办公室的常驻嘉宾，它们能够忍受较弱的光照，经常被人忽视也能存活下来。如果你的工作环境适合植物生长，能提供不错的光照和通风，为什么不来点更特别的种类，比如球兰、蕨类、大理石皇后绿萝或是值得信赖的龟背竹，它们一定能让前来拜访的客户印象深刻。

大株植物分散在工作场所的各个角落，在增加空间趣味的同时，还能让员工在工作间隙将目光从屏幕上移开，欣赏植物放松一下。植物还能用来遮挡或是分隔空间，为会议和休息区提供赏心悦目的遮挡保护。厂房改建的办公室，上方的横梁还能悬挂植物，不占用有限的办公桌面就能营造强烈的视觉冲击。假如办公桌上还有空间，可以摆放小盆的虎尾兰和吊兰，它们在荧光灯下也能长得很好。给植物选择带排水孔和托盘的花盆，方便员工浇水。

STYLE NOTE

●一定要安排一个专门给植物浇水的人，这样植物才不会被遗忘（或者浇水太多）！定期检查植物的状态，确保空调等因素没有让植物迅速干枯。

悉尼共享办公空间二号门的中央是一个摩洛哥风格的庭院。
他们在城市中打造了一个名副其实的绿洲：
锈迹斑斑的大花盆里种着芦荟、鹤望兰和柠檬树。
用藤编家具衬托庭院风格，把整个空间融合到一起。

THE OUTSIDE
ROOM
室外房间

对住在公寓里的我们来说，只要你愿意，阳台和庭院也能变成室内的延伸。在这里种植植物，从室内看出去的景色会变得更美，并且还能很好地屏蔽临近建筑的视线；不仅如此，空间本身的趣味也会得到提升。在一个充满绿意的阳台上休息，一定比在光秃秃的只有瓷砖的阳台上被混凝土环绕要好得多。不管是封闭式阳台还是开放式阳台，都有很多植物可以在这个空间生长。

开放的庭院或阳台最适合放置一些漂亮的喜阳植物。叶子花和紫藤就能在全日照的条件下开出灿烂的花朵，还会沿着篱笆或铁丝向上爬，看起来特别棒。仙人掌和多肉这些喜阳植物是另一种不错的选择，它们会开心地吸收宝贵的阳光。想要打造优雅的几何线条并营造出棕榈泉市那样的加州风情，为什么不试试芦荟、大戟、仙人掌或玉树呢（可参考108页派拉蒙休闲俱乐部的屋顶花园）？还有，许多所谓的"室内"植物能欣然接受更灿烂的阳光，比如鹤望兰；所以，冬季要把一些室内植物从较阴暗的室内移动到阳台或庭院这些更温暖的地方，保证它们得到充足的光照，以维持健康生长所需的光合作用。

可食用植物也会喜欢室外的阳光，所以为什么不在这里打造一个小型的香草和蔬菜厨房花园呢？标准株型的柠檬或莱姆柠檬树等盆栽柑橘类，或是像佛手柑那样更具异域风情的种类，种在大盆里特别好看；较小的室外空间可以种植矮化品种。如果你喜欢皱边角堇和万寿菊等可食用花朵，那阳台的色彩就更丰富了。利用香味这种令人愉悦的体验，还可以在阳台或庭院营造独特氛围：薰衣草的香气能把人带到法国南部，茉莉花香则让你仿佛漫步在东南亚的街道。

给户外植物选择花盆的时候，一定要选那些比在室内更耐用的。可以挑选那些经历风吹日晒后会变得更有味道的材料，同时保证花盆的排水性。户外一般不需要盛水的托盘，水自己会流进下水道；不过，给植物装盆的时候，要用滤网或纱网盖住排水孔以防浇水时盆土流走。

^ 悉尼派拉蒙休闲俱乐部的屋顶上，各种多肉及仙人掌的混搭不仅营造出加州风情，还能很好地适应暴露在外的环境。

生活在户外的植物显然要经受更多风雨的洗礼，所以一定要注意不要让大风和烈日吹掉或烤焦植物的叶子。和在室内一样，先对室外环境做一个恰当的评估，选择能够适应室外条件的植物种类。

封闭的阳台能够抵挡恶劣的天气，因此特别适合摆放一些原本打算放在室内的植物。这样的阳台可能是你家中光线最明亮的地方，是打造室内丛林的理想之地。垂直花园如今也愈发流行，室外的花架和室内的墙壁一样，能够为植物提供有力的支撑。如果你家的墙壁没法固定植物，就可以在室外花架上安放你收藏的小型植物。棕榈、芋属和喜林芋等大型焦点植物与秋海棠、紫露草和玉簪等搭配，前者构成坚实的丛林基础，后者带来形状和色彩的变化。还可以用户外家具摆放植物，或是用挂钩悬挂一些好看的垂吊植物，比如长叶肾蕨或爱之蔓。

STYLE NOTE

造 型 要 点

● 让绿植从室内一直延伸到封闭阳台，能屏蔽市中心来往车辆的噪声和邻居家的响动。你可以向造型师朱诺·弗莱明学习，用成熟的芋、喜林芋和一排多肉盆栽打造理想的景观（详见166页，深入了解朱诺家茂盛的城市丛林）。

丛 林

这一部分我们将探索植物与它们所在空间的互动，

有植物狂野生长的改造仓库，也有极简装饰的公寓。

看看世界各地植物爱好者们的家和工作场所，能为你的室内丛林提供宝贵灵感。

这些室内园艺师对植物投入的热情极具感染力，

通过阅读了解他们对植物的爱和与植物一起生活的感受，会让你对打造自己的植物天堂有更深刻的见解。

LES

绿色改造

GREEN
CONVERSION

约翰·巴萨姆和他的狗杰克

John Bassam + his dog, Jack

英国伦敦

LONDON, UK

位于东伦敦的这个改造仓库，在维多利亚时期是马拉电车的车辆检修站，现在变成一个郁郁葱葱的摄影工作室。说郁郁葱葱可不是夸张，这里真的堆满了绿植。漆成白色的砖墙，带花纹的混凝土地面，还有暴露在外的横梁，在拥有绝佳光照的场地组成各色植物的完美背景。这个如今名为Clapton Tram的历史遗迹，现在承接各种活动和相关拍摄工作，并因此获得新生。谁不想在绿叶的环绕之中许下婚姻的誓言呢？约翰·巴萨姆和他机灵的边境牧羊犬杰克一起照看工作室和里面的各类植物。约翰维护这个丛林的秘诀就是选择龟背竹和吊兰等易于照料的绿植，放弃多肉等在这里无法存活的种类。那么如何给这么多悬吊植物浇水呢？秘诀就是很多梯子！

叠加的绿色是约翰工作室的活力之源：橄榄绿的丝绒沙发被青翠的龟背竹、波士顿蕨、吊兰和绿萝包围。

约翰充分利用室内空间,把植物挂在暴露在外的横梁上,将人们的目光吸引到上方,而且巧妙地在窗前形成一帘绿色。

STYLE NOTE

造 型 要 点

● 虽说白墙特别能衬托绿色植物，但为什么不再大胆一些，把某些区域的墙壁漆成绿色呢？不同色调的绿搭配起来效果非常棒。

● 用大型焦点植物营造一个充满绿意的角落，在这里棕榈成为这把做工精巧的藤编椅的完美背景。

植 物 学 公 寓

THE BOTANICAL APARTMENT

时尚设计师蒂姆·拉本达和他的伴侣汉斯·克劳斯

Tim Labenda, fashion designer + partner, Hannes Krause

德国柏林

BERLIN, GERMANY

忘掉极简主义吧。对德国时尚设计师蒂姆和他的伴侣汉斯来说,一个家必须要住得舒服,但这并不意味着不能同时拥有美感。他们和一条叫普金的黑色贵宾犬住在柏林一间公寓里,那里集合了两人的个性和美感。各色复古家具,加上多年的收藏品,还有最重要的植物,这个公寓就是两人的杰作。大大的窗户提供了理想的光照,孕育了令人惊艳的绿植收藏。成熟的龟背竹、喜林芋和棕榈恣意生长,尽情展示旺盛的生命力、舒展的姿态和实实在在的丛林气质。两人跑遍整个德国,寻找最棒的植株,所以每一株植物背后都有一个美丽的故事。这个空间真实且纯粹,奢华但放松。

蒂姆和汉斯精心展示的名牌复古装饰收藏，
并特别为藏品搭配了盆栽和水培植物。

你们对植物的爱因何而起？

我觉得这都怪菲比·费罗，时尚品牌Celine的前任创意总监。她在Celine店铺设计中大量使用植物进行装饰。我第一次去店里的时候，就爱上了这个植物环绕的创意，从此开始收集植物。

你怎么学习养护植物，让家中的植物长得健康又好看？

基本上就是和它们一起生活。每一株植物都有自己的需求，有些植物则更挑剔。我觉得，总的来说，让它们多晒太阳，小心浇水，就没有问题。要倾听它们的需求，用恰当的方式照顾它们。

你觉得为什么空间里需要有绿植？

植物能让任何空间变得开放和快乐。我希望自己家里有东方热带风情。我家的植物看起来特别饱满、茂盛，这是我最喜欢的一点；另外，我觉得它们也能更好地衬托其他室内装饰。

你对植物的爱是否会影响你的创作？

有时候会。我曾经做过一个致敬马蒂斯剪纸艺术的系列作品，其中的主要元素就是龟背竹的叶子。

你对室内设计的热情并不亚于时尚设计。聊聊你的风格或美学理念吧。

我喜欢以轻松开放的方式，展示适度的享乐主义室内空间。有些地方太干净，太井然有序，让人坐也不是，站也不是，我不喜欢那样。所以，我们的公寓就是明亮缤纷的植物天堂。我喜欢《一千零一夜》的波希米亚风格，再加上一点洛杉矶马尔蒙庄园酒店[1]的感觉。我选的植物很多都有大而厚实的叶片，因为大叶子比许多小叶子加起来还要华丽。所以，我家有很多棕榈、龟背竹和喜林芋，还有一株大大的佛手喜林芋和一盆天堂鸟。

---

1 CHAETEAU MARMONT，位于西好莱坞的一家古色古香的奢华酒店，以法国LOIRE VALLEY的城堡为蓝本建造。——译者注

高大的植物，巨大的叶片，
让柏林这间有着高耸天花板和
宽大飘窗的公寓更显气派。

> "我喜欢以轻松开放的方式，展示适度的享乐主义室内空间。所以，我们的公寓就是明亮缤纷的植物天堂。"

你有什么绝招让绿植融入空间？

一面深色的墙，能让所有绿植变得性感！我觉得所有绿色在深色的衬托下，看起来都很棒。

你如何挑选植物来扩充你的收藏？花了多长时间完成你家的丛林？

到现在有4年了。一开始我养了一株大龟背竹，是从一位老太太那儿买的。老太太已经养了20年，养得很好，植株的基因也很棒。那盆龟背竹已经分了好多盆出来，我们公寓里到处都是它的后代。其他的植物都是看叶子和尺寸——我最喜欢叶子的不同形状和深浅不同的绿色。

你的设计和室内丛林都是从哪里获得的灵感？

大部分来自自然和旅行。我喜欢发掘新的地方，新的城市，新的温室还有植物园。我觉得哪里都能找到灵感，只要你睁大眼睛仔细观察！

在蒂姆和汉斯的丛林里，大株植物是骨干，小盆栽则是置物架上的点缀，让空间更柔和的同时又能彰显两人的风格。

STYLE NOTE

●深色的墙成为叶片鲜明
而戏剧化的背景；不同色
彩和造型的叶片组合到一
起，为这个空间增添了更
多层次和趣味。

●利用装饰性的植物元素
或艺术品，可以在不增加
植物数量的前提下提升植
物的存在感。

奇妙植物温室

STRANGE PLANT GLASSHOUSE

园艺学家简·萝丝·劳埃德

Jane Rose Lloyd, horticulturalist

澳大利亚墨尔本

MELBOURNE, AUSTRALIA

简·萝丝·劳埃德, 名副其实的植物女士, 光合作用似乎存在于她的每根血管里, 赋予她源源不断的灵感。拥有园艺学家、制片人、学者以及狂热植物收藏家和教育家等多重身份的简, 家住墨尔本东侧的丹迪农山麓, 那里有她创造的一个妙不可言的绿色空间。她倾注自身所有热情, 细心呵护室内植物, 并帮助人们了解和欣赏人、植物与空间三者之间的微妙联系。简的脑子里有取之不尽的植物知识, 而她的家和家中的温室, 则堪称这种痴迷的绝佳注脚。从外面看, 简的房子就是普通的20世纪60年代的建筑, 但是因为有了大大的落地窗和倾泻入屋的自然光, 让这里成为各种奇妙的室内植物的完美生长地。简的植物收藏简直令人嫉妒, 她家中的植物从未少于150种!

三角形花架是展示简收藏的稀有植物的绝佳舞台，放在靠窗的地方又给喜欢阳光的植物提供了明亮的光照。

跟我们说说你自己吧。

我出生于热带的昆士兰,经常怀疑自己的DNA是不是在出生时经过了植物的改造或影响。在我很小的时候,我们就搬到了墨尔本,在郁郁葱葱的北部内陆丛林的包围中,我那神奇的妈妈教我如何努力获得自己想要的东西及所有相关的知识。而我和妈妈一样,从未停止自己的追求。不管是按时上班,还是休假在家,我做的事都和植物有关。工作的时候每天都和奇妙的植物在一起:我要种植和照料它们,把它们送到翘首以待的客户家中或者运送到位于其他州的新家,研究并教授它们有趣的怪癖和适应特征;但最重要的是,和植物在一起是这世上收获最丰富、最滋养人心的工作之一。我很少休息,一旦有休息的时间,我会去探索国家公园里的松树园、本土硬叶林以及植物园和温室,满足自己对了解非室内植物的渴望。

作为一名园艺学家和狂热的植物爱好者,你对植物的爱源自哪里?

我的血液在进行光合作用,我觉得自己身体的一部分就是植物!小的时候,我在我的奥玛花园中度过了大部分时光,并开始对植物和土壤产生热情。长大的过程中,妈妈总会在家里搞个小花园,她最喜欢种兰花。印象中家里前后门旁边摆放的大盆的兰花,似乎一年四季都在开放;而文心兰一直是妈妈最喜欢的鲜切花,现在也是。我的祖父查理心里只有他的花园,园中的桃树是他的骄傲和快乐之源;爸爸种的木麻黄无人能及,长得和房子一样高,上面挂着不少西班牙水松。静下心来想想,从我记事起,植物就是我们家的一员,每个家庭成员都与植物建立了这样或那样的联系。我们都喜欢花时间和泥土打交道,也都喜欢澳大利亚的灌木丛。我们就是扎根于这片土地的一家人,并且发自内心地认同和享受这一点。帮助其他人回忆和重拾与植物的联结,是我工作的最大收获之一。

你并不讳言自己精神方面的困扰。你觉得植物对你的健康和幸福有积极影响吗?

我非常乐意成为促进植物与精神健康积极关系的代言人,也很乐意讨论这些内容。我自己长时间受到精神问题的困扰,而且清楚自己这辈子不可能完全摆脱它,但发掘植物真的拯救了我。它们帮助我了解自己生活的目的,赋予我快乐度过余生的意义。

无数研究证实植物对人类健康和幸福的积极作用,此外这么多年我从那些和我有同样经历的人那里听来的故事,都能写成一本书:里面有喜欢收集植物或以植物为生的人,以及他们因为园艺而体会到的各种益处。五年里我尝试了各种不同的治疗方法和咨询手段,植物的治疗效果是最持久的。对我来说,植物就是魔法师!

有植物在身边让我感到安全和舒适,它们让房子有了家的感觉。即便家里电视开着,我眼里也都是它们;睡觉的时候,耳边也是它们。看到新生命在眼前绽放,知道它们认可你所有的精心照顾、浇水和无意义的甜言蜜语,真的是妙不可言又让人受益匪浅。

简对植物的痴迷处处可见。植物挂在窗帘杆上（谁还需要窗帘呢），占据家中每块桌面，每天早晨对着这片绿色醒来，真是完美的生活。

与植物一起生活和工作，哪方面让你觉得最受触动？

植物每天都在给我各种灵感。我喜欢研究它们对环境的耐受度，想知道它们可以忍受何种程度的极端条件。数不清的研究时光中，我觉得最有意思的一点就是，植物拥有无尽的适应性。植物被迫不断适应各种逆境和变化，同时保持不断生长，这真的给我上了宝贵的一课。我就是这么喜欢它们。

你家有那么多奇妙的室内植物，真令人羡慕。你现在一共有多少株植物？让这些植物快乐健康地生长要花费多少工夫？

我不太确定自己养的植物的具体数量，因为它们总是有来有去。不过一般会维持在150~200株。

我的工作需要种植和搜寻植物，我自己也因为收集罕见植物品种而为人所知；有时会种植一些特殊品种用于分株和繁殖。我还会帮朋友抢救他们的植物，帮一些人照顾他们自己的植物收藏，或者接受委托为一些特殊人物培养植物。不过，我的植物也会死掉！能够不断从植物身上学到些什么，是我最喜欢的一点。照顾这些植物，真的需要全身心投入，而且有时确实感觉是在工作（当然，这就是我的工作）。但是，大部分时间都像在做免费的治疗。每次带一盆新的植物回家，我都会好好招待它，试着了解它，确定它什么时候能适应我的照顾。我会花几小时查看它们的状况，把手指放到土里检查土壤，给它们浇水施肥；每周都要重复好几次。我常常和它们聊天，每周至少给它们播放一次古典乐。只要有好的氛围，就能让植物焕然一新。

球兰、麒麟尾和天鹅绒海芋，简温柔地照顾所有的植物幼苗。

STYLE NOTE

造 型 要 点

● 植物能够完美地掩盖家
中或办公室里不好看的角
落。把一盆波士顿蕨（喜
欢潮湿的植物，适合放在卫
生间）丢在马桶水箱上，你
的视线马上就会被吸引到
绿叶上，眼里便不再有其他
东西。

杰 米 的 丛 林

JAMIE'S JUNGLE

线上古董商店内部事务局联合总监杰米·宋和一只名叫拉拉的猫

Jamie Song, co-director of online vintage gallery
Bureau of Interior Affairs + La La the cat

英国伦敦

LONDON, UK

一座建于1902年的液压泵站,经过改造之后成了杰米·宋的家,一起居住的还有他的两位商业伙伴:一只名叫拉拉的猫和100多株美妙的室内植物。这是一个多功能空间,既是艺术馆,又是工作室和仓库。室内装潢突出白色砖墙、金属横梁和高高的天花板,但是最令人难忘的是一扇巨大的天窗。它让这个空旷的仓库沐浴在自然光里,一方面突出场地的年代特征,同时又让室内植物快乐地生长。2013年搬进来之后,杰米就开始打造自己的绿色收藏。在杰米心中,他的植物可不仅仅是装饰元素,而是"自然的艺术品"。他把它们同古董商店的人造艺术品摆放在一起,化身商店业务的一部分。

建造这个丛林,还真没法一蹴而就,而是要经历漫长的学习过程:不断试验,找到哪些植物能(或不能)在这里茁壮成长,渐渐成为杰米的爱好。意识到自己已经站在室内植物风潮的起跑线上,杰米开始在Instagram上传自己探索植物的过程。他的账号吸引了一大批忠诚的植物爱好者,粉丝数量最近已经超过184 000。

白砖墙成了杰米的艺术和植物收藏的最佳背景。丝苇、银绿色的叶片和盛开的兰花给这个空间带来生机与活力。

你自称"现代波希米亚世界里的植物放牧者"，那么你对植物的热爱与痴迷从何而起呢？

我二十多岁的时候去了巴厘岛几次，爱上了那里妙不可言的气质和热带植物。我是在台北长大的城市小孩，和许多城里人一样远离自然。刚来伦敦的时候，我住的地方四面都是砖头，不仅没什么景致还阻挡了伦敦本不充裕的阳光。因为这一点，我后来选择把家安在伦敦东南部，社区围墙外就有灿烂的阳光和景观。为了纪念赋予我灵感的巴厘岛之旅，我开始收集热带植物，故事就这样开始了。

你是如何把植物养得这么健康美观？你的植物养护秘诀是什么？

许多Instagram粉丝都会问我这个问题。我想，我能给出的首要秘诀就是，找到适合气候、空间和任何居住环境特点的植物——关键就是为空间找到适合的植物。比如伦敦是典型的北方气候，光照有限，就不适合那些生长在沙漠的植物。我非常幸运地拥有一扇大大的天窗，可以通过无数试验挑选在这个特定环境中能够茁壮成长的植物。在光线不足的冬季，我会打开灯，让冷白光照在植物上，帮助它们度过漫长黯淡的冬日。

你的拉拉和植物相处如何？

拉拉9岁的时候，我们把它从猫舍解救出来。我一下子就爱上"她"，因为她真的通人性，而且十分招人喜爱。奇怪的是，拉拉从未对植物表现出任何兴趣，也不会触碰任何一株植物。不过植物和宠物是Instagram上的热门话题，因为许多人都苦恼如何让家里的猫咪远离植物。拉拉是我生命的一部分，也是我家丛林中的一员，我在Instagram上发的很多照片里都有她。粉丝都会打听拉拉的消息，所以我也给她申请了一个属于她自己的Instagram账号。

跟我们说说你的审美理念以及它和你的室内丛林之间的关系。

我是一名古董艺术品交易商，所以我逛遍了欧洲的跳蚤市场和艺术品交易地。我一直在搜寻复古藤编花架、小凳子和陶瓷套盆来展示我的植物，还喜欢把各种不同的花盆搭配到一起。

杰米的绿萝爬藤是他在Instagram上
最出名的植物之一。他用小钩子让绿
萝爬上墙面,营造一种生机勃勃、不断
生长的戏剧化效果。

你觉得人们为什么要把绿色引入自己的空间?

我喜欢室内植物有很多原因。我们是城市居民,我们的生活、通勤和工作中只能接触到有限的自然的绿色。让居住空间充满绿色,能够把人与地球和自然连接起来,同时每天提醒你保护环境的重要性。从装饰角度来说,室内植物是一个人人都可以负担得起的室内空间装饰。你可以在家里把各种不同大小和色彩的花盆搭配到一起,不管是摩登还是复古风,都能成为有趣的视觉焦点。你还可以把植物挂在天花板或者放在不同高度的花架上。此外,照顾植物也具有一定的疗愈功能。有些人会选择冥想,我则通过照顾植物获得同样的疗效。

你的植物收藏真是令人嫉妒。你是如何选择适合的植物来丰富自己的收藏呢?

我会看植物的颜色,然后选择不需要太多光照的种类,我更看中独特性而不是追随流行。叶子不是绿色的植物总是能引发我的兴趣。我从大概6年前开始收集植物,现在家里有将近100株植物。

你家的一大特色就是垂吊植物,那么在打造和照顾垂吊丛林方面你有什么秘诀?

我一般会买又大又轻的果盆,用它们做吊盆。可以忍受一点积水的植物,就爬上梯子直接浇水。不能积水的植物就放进藤编套篮,并在底部打一个洞。我需要把它们从高处取下来浇水,等积水排尽之后再挂上去。这挺费劲的,但是结果让我觉得付出是值得的。

你最喜欢从哪些地方获得室内丛林的灵感?

我常逛伦敦东边的花店和花卉批发市场。那里的各种植物就是我植物收藏的全部灵感来源。

STYLE NOTE

造 型 要 点

●绿萝墙面已经具备足够
的吸引力，更令人惊喜的
是，杰米用一盆精巧的盆
栽蝴蝶兰与之搭配，形成
尺寸上的奇妙对比。

> 给垂吊植物浇水确实需要花费很多力气，但它们形成的空间效果绝对值得你这么做。

滋生创意的自然

CREATIVITY GROWN WILD

金工伊娃·卢瑟玛和她的两只猫索娜和蒲巴

Eva Luursema, metalworker + her two cats, Sonar and Phurba

荷兰阿姆斯特丹

AMSTERDAM, THEN ETHERLANDS

植物是伊娃·卢瑟玛在荷兰乡间的成长过程中很重要的东西,看一眼她满是植物的阿姆斯特丹的公寓,你就能明白这一点。她已经在这间公寓住了18年,现在还养了两只猫:索娜和蒲巴。她的狂野自然的植物风格,就是不给植物任何规则限制,让它们尽情生长。这间公寓的西面有许多阳光,也是大部分植物的栖身之处。"我一般会把植物幼苗、插条和育苗盆填满主光源附近的每一寸空间。育苗实验的结果是未知的,但是一旦成功就是大丰收。"因为空间有限,伊娃需要不断把植物送给朋友才能摆下更多新的植物,以继续维持她对植物的痴迷!

看到伊娃的公寓内部，内心就会浮现出"诗意"一词。这位艺术家让她的植物自然生长，给空间营造一种真实的家的感觉。

跟我们聊聊你自己。

我长在一个小村庄,四周全是农场和田野。我们家有一个大花园,我印象最深的是家里养的鸡,一株巨大的(可能只是当时的感觉)接骨木树,还有一棵小苹果树是我的出生礼物。后来,我们搬到一个小城。长大离家后,我四处游荡了一阵才定居在阿姆斯特丹。现在我在这里已经生活了大约25年,其中有18年都住在现在这间公寓,和我的猫室友索娜和蒲巴一起生活。

创造性在我的生活中占据着重要地位:绘画、做拼贴,用我从外面找来的各种物件(有石头、生锈的自行车零件、昆虫尸体、干花等)进行创作。近几年,我开始使用金属这种变化多端的材料,这带来许多新的可能性,金属与其他材料的结合会让人眼前一亮。

你对植物的爱对金工创作有何影响?

目前,我在做各种金属工艺品,我的搭档在斯海尔托(荷兰南部)有自己的生意。这份工作需要创意,要做的事情也很多,包括固定和调整物品,做家具和各种物件儿,还做楼梯、大门和建筑外立面等更大的建筑结构——跟我们近来做的小首饰架可不一样。特别重的东西我会交给我的搭档,因为他负责传统的铁匠工艺。这些跟我生活中的“绿色”那面相去甚远,但是我确实从绿植和花朵中汲取到许多灵感,融入我个人的工艺品创作;我喜欢它们的形状和结构。

为什么被植物环绕的生活对你来说这么重要?

我对植物的爱源自我那被绿色和花朵环绕的童年生活。而且,我爸爸总是忙于照顾室内植物,还会从室外收集植物种子。我这里的一些植物就是从他那儿来的。其中一盆是一块仙人掌(有人曾说它是夜里开花的仙影拳)。那株仙人掌实在太大了,所以我就只取了一块,我第一次看到它开花就是在我家窗台!虽说如此,我好像没有偏爱其中任何一株,我喜欢看它们每一株都茁壮成长。不过,或许我为自己种的那些植物在心里保留了一个柔软的位置。所有绿植对我来说都很重要,它们安安静静地让我感受到平静、成长和生命力。一种始终在那里,伴我左右的沉默的平静。

植物能提升生产力，这一点已经得到
证实。所以，还有什么比海芋、吊兰和
芦荟这样不同寻常的组合更适合陪
伴伊娃的工作台呢？

"我对植物的爱源自我那被绿色和花朵环绕的童年生活。"

你是如何调整植物养护以适应更寒冷的天气?

到了冬天,光照变少,室外温度下降,我也不会改变照料它们的习惯。我家有一盆我自己种的石榴,它会在冬天落叶,每年春天又长出新叶。我还有一盆植物喜欢热带环境,所以它长得不太好……

你怎么描述自己的设计美学?

我的美学理念和"设计"没什么关系;相反,它是自然有机的,背后没有什么宏大的设计蓝图。只要有绿色,就能给我灵感,像花园(封闭的花园)、公园、电视园艺节目,真的任何一个这样的途径都可以。哦,还有摆满植物的窗台,我经常在市内漫步的时候看到。

我对色彩非常挑剔,还有物品的摆放(毕竟金工的工作会精确到毫米),所以我非常清楚自己喜欢和不喜欢什么。不过,最终所有物品组合在一起的效果,却是尝试过程中的"妙手偶得"。我对植物的生长也是这种心态,随它们自由生长(同时也会尽力为它们提供最好的条件)。

伊娃的猫——索娜和蒲巴非常
喜欢堆满植物的家和家中植物
营造的丛林气息。

水 泥 丛 林

THE CONCRETE JUNGLE

巴比肯温室

The Barbican Conservatory

英国伦敦

LONDON, UK

用"茂密"一词来形容这座美妙无比的丛林已经不够了。混凝土建成的野兽派建筑伦敦巴比肯艺术中心主体剧场上方,坐落着一座货真价实的绿洲。不过真正让这块空间显得与众不同的,却是绿色与粗糙水泥的并置。巴比肯温室是伦敦第二大温室,仅次于邱园,钢筋和玻璃的屋顶覆盖了2137平方米的面积。建筑设计师张伯伦、鲍威尔和邦最初的设计意图是想用这个屋顶遮盖为下方剧院服务的台塔,现在这里则变成了容纳来自世界各地2000多种植物的绿洲。这一空间主要分成两部分:较大的一间放置热带植物,包括枣椰树、龟背竹和咖啡树;较小的那间叫干旱室,里面放的是各种令人惊叹的仙人掌和多肉植物。这些植物多是在1980~1981年之间种下的,温室于1984年正式开放,参观是免费的但是会限制人数。所以,除非你有幸参与在这里举办的一次盛大活动,或者搞到一本特别介绍室内植物的书,不然很难有机会一睹巴比肯温室的全貌。

巴比肯温室太大了，所以园艺师在其中栽种植物的时候要有大局观。巨大的龟背竹、香蕉树和丝兰组成了这个巨大室内丛林的一部分。

STYLE NOTE

造 型 要 点

● 琴叶榕巨大扁平的叶
片像船桨一样，与地中
海矮棕榈尖尖的扇形叶
片相得益彰。你的目光会
不由自主地在不同形状
和质感的叶片之间跳跃。

> 巨大的龟背竹攀附在墙上，绿萝从上方瀑布般落下，铁线蕨在栏杆上形成精巧的拱形。
> 这种不拘一格的叶片搭配，营造出丰富的纹理和纵深感。

绿萝宫殿

POTHOS PALACE

室内设计师兼造型师朱诺·弗莱明

Jono Fleming, interior designer + stylist

澳大利亚悉尼

SYDNEY, AUSTRALIA

室内造型师朱诺·弗莱明的公寓位于悉尼滑铁卢区一幢特别的大楼里。大楼内部有一座花园,围绕花园精心设计的建筑因此成为一座城市绿洲。朱诺现在一个人住,不过之前是和朋友一起合租。他上一位室友搬出去的时候带走了他们的一盆大琴叶榕,不过很快琴叶榕的位置就被绿萝取代。"我怀念那个角落的绿色",朱诺说道。只要有柔和的自然光再加上规律浇水,短短几个月内,不挑剔的绿萝绝对能长成茂盛的丛林。随着爬藤的生长,朱诺开始把它们拉到墙上,接着它们爬上另一面墙,谁知道哪里才是这生命力旺盛的家伙的终点。并且它们的生命力并没有局限在室内,而是沿着半封闭阳台向外延伸,繁茂的叶片一直长到阳台外沿。因为窗外没有什么值得称道的景观,朱诺便打算自己创造独一无二的景致;从客厅和卧室望出去,家里的植物组成一片欣欣向荣的景象。

你的植物如何影响你的空间？你为什么一定要生活在绿植之中？

住在悉尼市中心的公寓，意味着我看不到像样的风景。我想让绿色装点室内和阳台，形成一座小绿洲；我对自己的需求非常清楚。这就是从我家能欣赏到的景观。

你对植物的爱源自何处？

我从不觉得自己是个园艺师，但在我成长为一名造型师的过程中我意识到一点：植物能让我们所处的环境充满自然元素。

你怎么学会照顾植物幼苗的？

完全出于需要，真的。我意识到，如果想让从家里看出去的景观变得好看，就必须学着照顾植物。我会选择那些不需要费心照料就能长得郁郁葱葱的种类。

作为一名空间造型师，你如何将绿植融入空间？

超大型植物能让室内空间产生特别的效果。我觉得没必要让家里每个角落都被东西填满，如果一定要这么做，那选择绿植准没错。我喜欢把一大束枝叶插在花瓶里，并把它摆在桌子中央；既省下了买花的钱，又能彰显自己的风格。

描述一下你的植物风格。

我觉得我的风格就是把不管什么植物都搭到一起！现在爬藤植物就是我的一切。这有点像电影《异形奇花》的感觉，不过我的植物绝对在我自己的掌控中。但是我喜欢常春藤给我的公寓带来的随机感和杂草丛生的感觉，那是一种很特别的风格。

说到花盆，你都去哪里给植物搜寻合适的容器？

我喜欢简单的容器，但要有一些特色。家庭作坊手工制作的花盆和容器背后都有自己的故事，而带些纹理的花盆能让一个简单的物体拥有丰富的个性。

你从哪些地方获取灵感？去过哪些很棒的植物空间？

我前阵子去了马拉喀什，泥土路和尘土飞扬的街道背后竟然藏着如此茂密的热带空间，真是让我大吃一惊。

朱诺堆满茂密植物的阳台构成一个完美的
室外房间。象耳芋、各种多肉和不同纹路的
肖竹芋组成了一个美妙的绿洲,成为客厅与
卧室的绿色远景。

STYLE NOTE

造 型 要 点

● 许多植物在水里和在土里
能长得一样好。玻璃花瓶能
让你在观赏植物叶片的同时
还能看到它们复杂的根系。

精心设计的生活

A WELL-DESIGNED LIFE

室内造型师莉亚·哈德森-史密斯，

还有沃利、索尼和一条叫本森的狗

Leah Hudson-Smith, interior stylist, Wally,

Sonny + Benson the dog

澳大利亚墨尔本

MELBOURNE, AUSTRALIA

室内设计师莉亚·哈德森-史密斯厌倦了租房的死板，于是开始寻找别的办法实现自己不受限制的生活。"身为一名设计师，我喜欢通过做东西和移动物品来尝试不同想法，直到找到最适合的状态。"莉亚说道。最终，她在墨尔本中北部找到一间特别棒的仓库，并和她的另一半沃利一起把仓库变成完美的居住和办公场地。

这对夫妻用有限预算建造的这座"迷你仓库"位于一间更大的仓库里面，他们可以不断根据自己的想法改变室内装潢。根据季节灵活变换家具功能，让他们感觉既"实用又有趣"。莉亚和沃利为自己不断壮大的家庭（两人的儿子索尼在我们拍摄一周后出生）创造了一个独一无二的家，里面全是植物、旅行纪念品、编织物和手工家具。

仓库的规模决定了这里可以容纳许多大株骨干植物。成熟的龟背竹、鹅掌藤和龙血树在简洁的室内形成戏剧化的效果，又和较小的鹤望兰、蕨类和榕树完美组合。"我要按照自己的方式生活，而不是被糟糕的房东左右，他们有些连下水道都不愿意通！"莉亚说。

莉亚用更简单的方式设计和摆放室内绿植。墙面的白色和浅木色是室内的主基调，完美突显家中的龙血树、丝苇、龟背竹和白鹤芋等植物。

住在这么棒的仓库里，植物对你家的气场有何影响？

仓库里的这些植物就是我的良药；照料它们是一种令人放松的仪式，让我（通常过分忙碌）的生活慢下来。它们还具有净化空气的功能，对我来说，与植物共生最直接的好处就是可以获得幸福感。因为居住和工作都在城市里，情况允许的时候，我每隔一周就会逃进大自然。但是我的工作时间很长，而且压力如影随形，每隔一周的逃离远远不够。于是我开始把植物带回家里，当作一种疗愈方式，然后就再也不想回到没有植物的生活了！

你怎么选择植物？

挑选植物的时候我总会关注色彩和造型。我不是植物迷，没法告诉你这些植物的学名，但是我能让它们组成我喜欢并适合家中风格的组合。我尝试平衡它们的高度和密度，并且不断变换植物位置来适应不同的光照条件，以促进植物生长。

你对植物的痴迷源自何处？它们是你童年回忆的一部分吗？

我妈妈很会养植物，在我小的时候我们还一起参观了很多好看的花园。我爸爸经常钻进澳大利亚的灌木丛，带我们一起在内陆经历了许多令人难忘的露营旅行。他们俩总教育我要尊重自然，鼓励我探索自然，侧耳倾听、留心细节。

在租用的空间建造"迷你屋"的灵感来自何处？

我厌倦了租房空间的死板，传统的出租屋有太多束缚，让我没法实现想要的生活，于是我开始寻求别的居住方式。仓库是完美的选择：我想怎么变就怎么变，想什么时候变就什么时候变；而且这里会随着季节转换发生翻天覆地的变化，到了冬天我们会有截然不同的居住方式。"迷你屋"既实用又有趣：既然住在这么特别的房子里，为什么不建造一些与众不同的房间呢？

莉亚自建的一个"迷你屋"就在他们租住的仓库里面。与众不同的设计，加上他们的植物收藏，给这个原本工业感十足的空间增添了不少温度与舒适感。

站在室内设计师的立场，你会鼓励自己的客户使用植物吗？

是的,我鼓励他们尽己所能这么做!把自然造型和人造环境融合到一起,是我笃信的设计理念。不过,室内设计肯定要依据具体场景进行:如果客户不想照顾植物,那么就没必要给他用植物。你需要了解每一位客户和他们日常维持或经营自家空间的方式,自然光照和通风就更不用说了。看到商场里的植物无精打采地待在暗无天日的角落,真的很让人难过;显然有些人只是把植物放在那儿,并没有考虑实际呈现的效果。

你还是一位木匠，为自己的品牌BY.PONO.制作精美的器物。你是怎么兼顾室内设计和木器制作这两个工作的呢？

我是个大忙人!我到晚上和周末才开始用木材做东西,试着创作木制品,这是为了好玩。不过最近我没做什么作品,因为怀着小索尼,我这么多年头一次让生活慢下来。我有点喜欢上新的生活节奏,所以现在只能暂停木工这个爱好啦!

巢蕨带有光泽的绿色叶片完
全契合莉亚家的中性色调。

STYLE NOTE

造 型 要 点

● 几何线条的黑白艺术作品和精心摆放的植物组成令人眼前一亮的极简主义搭配。植物非常适合用于平衡和中和空间内大胆鲜明的视觉焦点。

● 植物和有机装饰元素及中性色调——比如图中的草编篮子和草帽——相得益彰。

定格植物生活

PLANT STILL LIFE

摄影师珍妮克·卢瑟玛

Janneke Luursema, photographer

荷兰阿姆斯特丹

AMSTERDAM, THE NETHERLANDS

如果你喜欢在Instagram上浏览好看的植物照片,就一定看过定居荷兰的摄影师珍妮克·卢瑟玛的作品。她热衷于观察人与自然之间的联系,用平静的画面捕捉被植物环绕的生活之美。珍妮克在阿姆斯特丹的公寓有两层,客厅、厨房和卧室都是植物,可以说是真正的室内绿洲;和她一起生活的是她的丈夫、三个孩子和两只猫。

对植物越发强烈的爱让这个城里人开始把植物搬回家;也巧了,与此同时她决定不再生孩子。珍妮克的植物,不管是她最喜欢的龟背竹还是花叶橡皮树,绝不仅仅是一个东西或是工作的灵感来源,植物就是它们自己,是"不断变化的活的艺术品",珍妮克这么评价道。旺盛生长的植物给珍妮克的空间带来一种平静,让珍妮克感觉既放松又舒服。她的收藏很广,但依然还有想要的特别种类。"不断扩大我的小丛林,单单是这么想就能让我感到非常开心!"那下一盆带回家的是什么?当然是令人着迷的花叶龟背竹!

你对植物的爱不是一开始就有的，但你却在很短的时间内从自认的"植物杀手"变成照顾植物的"妈妈"。这个变化是怎么产生的？

住在城市，让我愈发渴望亲近自然。收集室内植物是我解脱的方式，它们能够安抚灵魂。我已经尽自己所能让它们健康快乐地生长，但这其实是个不断试错的过程。一些植物在我家长得很好，另一些则不太开心，甚至死掉。关键是平衡光线和水分。

植物对你的空间，以及对你和你的家庭享受室内空间有什么影响？

植物可以营造放松舒适的氛围，有它们在身边真的令人愉快。它们是活的艺术品，不断在变化，提供视觉趣味。我觉得被植物环绕的生活，是健康的生活，但前提是你能够给予它们所需的照顾。你不想让这件事变成家庭琐事。只是一株生长得不太好的植物，虽说从艺术角度观察挺有意思，但也会给人带来压力。

植物是你的摄影作品的重要主题。它们如何带给你创作灵感，给植物拍照有什么吸引你的地方？

说起来，是自然和生命的循环激发了我的创作。植物本身就是艺术品：它们的形状、色彩和纹理，我根本看不够。季节转换，光线也随之变化，植物每天都能呈现不同的景象。生命本身就是一个奇迹，让人赞叹、美妙无比。

你的风格和你的室内丛林之间有何关系？

我喜欢收集各种不同颜色、质感和造型的植物，同时也会注意这些植物是否适合我家的环境。起初我从旧货店收集了许多古董花盆。但最近我喜欢用简单的陶土盆营造一种更平静的氛围，给植物本身留出更多施展魅力的空间。

跟我们说说你最喜欢的室内植物吧。

我喜欢龟背竹，非常喜欢。我家的龟背竹还没有长成，每次有新叶展开，我都期待它会开窗孔，但目前还没出现。不过激动人心的时刻就在前方！还有一盆花叶橡皮树也值得一看。我还喜欢仙女一样的文竹，以及鸟巢蕨和鹿角蕨，还有蓝星蕨……

室内柔和的光线堪称完美,造就了珍妮克摄影作品的独特风格,
也给她的植物提供了最佳生长条件。图中的琴叶榕朝着窗户的
方向形成优美的弧线,而各色秋海棠、仙人掌、竹芋、虎尾兰和凤
梨则占据了花架、书架和桌面各处空间。

"我喜欢用简单的陶土盆营造一种更平静的氛围。"

你还有想要收集的植物种类吗?

有啊,我想要花叶龟背竹,但这里不太容易搞到。我还没有见过实物,只在Instagram上见过!我觉得我还差一盆鱼骨昙花、一盆兜兰(不是开紫红色花的那种)。要是有它们加入我的收藏,光这么想想,都觉得开心!

能不能跟那些想要养室内植物的人分享你的独家秘诀?

你必须确保家里能够提供植物所需的条件,所以买回家之前一定要好好研究每种植物的需求。我喜欢把植物凑成一堆,它们似乎也喜欢这样(大概是湿度的缘故),而且它们能够互相衬托彼此的美。不同大小、颜色、质地、形状和叶色的植物组合到一起,真是有趣的一幕。

你从哪里获得艺术创作和室内丛林的灵感?

艺术本身就给我很多启发,我仰慕凡·高、维米尔、霍珀等艺术家。我的植物、各种花园、植物园、树林、海滩和山川也是我的灵感之源。除此之外,还有人与自然,变换的四季,光的魔法,各种小东西,以及平凡的生活。

自然风化的陶土盆搭配其他中
性色调和质感的花盆,形成整洁
低调的背景,让珍妮克的植物成
为主角。

园艺避难所

HORTICULTURAL HAVEN

园艺学家托马斯·丹宁

Thomas Denning, horticulturalist

澳大利亚墨尔本

MELBOURNE, AUSTRALIA

童年时代帮忙照顾祖父母的菜地，再加上菜地周围的塔斯马尼亚荒野美景，让现在身居都市的托马斯选择以园艺为生。搬进墨尔本诺斯科特这间阳光充足的现代化公寓时，他征得房主同意后便在卧室和客厅的墙上安装花架，急不可待地摆上各种植物。这些架子上既有垂下来的枝叶，又有朝上生长的叶片，不同叶形、颜色和纹理的组合形成室内令人惊艳的景致。保守估计，这间租住公寓的每一面墙都被绿植占据，整个空间因此变得更棒！这个任何时候都能保持在150株植物的收藏，花费了托马斯多年时间，而且还在不断进化。"这么多年，我不断买进，又不断送出，让我得以将精力放在自己真正喜欢的植物种类上。"

身为一名园艺学家和狂热的植物爱好者，你对植物的爱从何而起？

对植物的爱占据了我人生大部分时间。我父母双方的家族都有园艺传统，但后来我才选择把园艺作为自己的事业。我童年一些最深刻的回忆，不是在祖父母家的菜地里，就是在帮父母完成手头的花园工程。

为什么被植物环绕的生活对你来说如此重要？

被植物环绕已经成为我生活的一部分，我无法想象居住在没有任何植物元素的空间。每天在家给植物浇水和照顾它们，已经成为一种习惯，让我平静内省，暂时逃离市中心的生活环境。

你养了这么多奇妙的植物，跟我们分享一下你最宝贝的植物吧。

选自己最爱的植物，这是最难的事儿。不过龟甲龙确实激发了我对奇特植物种类的痴迷。这种植物原产自南非，外形和生活习性都很特别。从那开始，我就一头扎进块根类多肉和附生仙人掌的世界。

你住在一间很小的城市公寓，怎么能在有限的空间设计和展示各种植物呢？有什么秘诀？

小的居住空间的确有很多局限，但并不影响我养室内绿植。我的植物收藏数量始终保持在120~150株，其中一些通过出售或送给朋友迁至新居。

在小空间里不需要大量植物就能有明显的效果，有时候几株造型独特的植物就能完全改变一个房间的风格。所以，怎么打造室内丛林，完全取决于你自己。我喜欢把植物组合到一起营造室内趣味。多功能的置物架和家具最符合我的需求，可以不受限制地按照自己的想法更换物品。叶片造型和长势截然不同的植物形成鲜明对比，深得我心，所以别害怕，大胆尝试奇妙的组合。

我的一大秘诀就是选择适合你家的植物，这需要花些时间检查你家的环境状况。观察一年之中屋内的光线变化，以及加热器和空调对植物的影响。

有控制的混乱，是托马斯对自己设计美学的描述。图中，他收集的手工陶瓷装饰了墙上的架子和架子上的各种垂吊植物。几何造型的空气植物在盆栽植物中小心地伸出枝叶。

除了特别的植物，你还收集一些特别的陶瓷容器来栽种植物，你是怎么找到这些花盆的？你最欣赏的制造者是？

幸运的是，墨尔本有一个活跃的陶瓷社区，这个社区还辐射到澳大利亚乃至整个世界。我通过Instagram和口耳相传认识了一些艺术家。手工艺人不管身处何地，都能在Instagram上向世界各地的人尽情展示和表现他们的作品。现在有那么多有才华的制造商和手艺人，很难从中挑出最喜欢的，一定要我说的话，那就是Wingnut & Co.、It's a Public Holiday、詹姆斯·莱蒙(James Lemon)、Anchor Ceramics、Dot & Co.、苏菲·莫兰(Sophie Moran)、A Question of Eagles、Leaf and Thread和阿卡迪亚·斯科特(Arcadia Scott)。

说说你的设计美学。

有控制的混乱可能是最恰当的描述了。我有囤东西的癖好，常常控制不住自己把东西搬回家。我的许多古董都是从ebay(易趣网)或本地古董家具店(墨尔本诺斯科特Godfather's Axe这家店真是个宝库)买回来的，因此造就了我家艺术、古董家具和绿植的混搭组合。我更喜欢中性或自然色调，它们最能衬托我的植物。

你的植物照片是Instagram上的热门。用植物装饰置物架，你有什么诀窍吗？（哪些种类的植物最适合用来装饰？哪些植物搭配起来更好看？花盆怎么配？）

谢谢你的夸奖！垂吊植物和置物架是最佳搭档。把私人物品和一些绿植有机地组合到一起是赋予空间生机的好办法。对比鲜明的叶片是关键。我发现球兰和丝苇等附生仙人掌多变的叶片看上去特别棒，也很好养；而且它们既有戏剧化的大个头，也有线条柔和的小个子。

你在旅行过程中参观了一些特别棒的温室和植物空间。其中你最喜欢的是哪些？理由是什么？

漫步在伦敦邱园的温室，真的让人惊讶不已。这么多年一直在书里读到并为之痴迷的花园，最后能够漫步其中，确实妙不可言。花园保持优美景致的背后是数不清的付出，所以能为这些花园工作绝对是我梦想中的工作。

一大盆镜面草，一盆鹿角蕨苔玉
和填满绿藻球的花瓶，是托马斯
罕见植物收藏的一个缩影。

收藏家的角落
COLLECTOR'S CORNER

DJ兼摄影师阿诺·莱昂
Anno Leon, DJ and photographer

澳大利亚悉尼
SYDNEY, AUSTRALIA

阿诺·莱昂自称为收集狂,痴迷"寻找独特有趣的事物,搜寻一首歌,到古董店淘宝,或者逛遍本地苗圃找到那株魂牵梦萦的植物"。他和室友及两只高冷的猫——玛丽和米寇——共用纽顿区公寓的露台,并使之成为他植物寻宝成果的展示台。家里到处都是阿诺的植物收藏,阳台、露台和后院也不例外。自然光线照到哪里,哪里就摆上植物!浴室的天窗为喜欢湿润的垂吊植物提供了完美的光照。"洗澡时可以欣赏景致。"阿诺说道。不过他的卧室是个例外,他在那里用生长灯繁殖和培育获奖植物。

阿诺最近迷上了天南星和秋海棠,为自己的植物群落增加了几何造型。手工瓷盆也是这里的一大特色,阿诺则拥有为植物完美搭配花盆的天赋。他打造的健康快乐的丛林可不仅仅是放在室内的一堆植物。照顾它们,"只是停下来欣赏它们每天生长过程中的微妙变化,都让人有强烈的活在当下之感。拥有一块绿色空间,在其中工作和生活能维持内心的平静"。

阿诺将手工瓷盆、风化陶盆和藤编篮混合使用,栽种他的那些令人惊艳的植物收藏。

为什么一定要和植物生活在一起？

被绿植环绕的感觉特别棒。自由地安排组合不同形状、株型和质感的植物，心里清楚它们会随时间推移组成美好的生活画面，这让我感到兴奋。我是个喜欢早起的人。早晨起床后，我一般会煮一杯浓浓的咖啡，然后拿着水壶和剪刀逛一逛花园；这是开启新一天的最佳方式，并且让我有脚踏实地的感觉。只是停下来欣赏植物每天的生长变化，都让人有强烈的活在当下之感；拥有一块绿色空间，在其中工作和生活能维持内心的平静。照顾植物的时候，我经常听柔和的Groove、爵士和氛围电子乐的混音，或是听播客。我现在正在做一系列从氛围音乐和自然声音采样的混音，名字叫"庇护所"。

你对植物的痴迷从何而来？是受到童年生活的影响吗？

我从小和叔叔婶婶一起生活在悉尼西部郊区。他们喜欢种植食用植物，比如亚洲蔬菜、香草和热带水果。我也在园子里帮忙，播种、收割传统食谱中常用的蔬菜并学着做菜；这一切真是美好的回忆。近几年我对收集植物的兴趣源自一个曾经在我生命中出现的特殊的人。她在海边有一间光线特别棒的公寓，里面的植物郁郁葱葱；我总在那儿待着，并爱上了收集植物。也就是从那时起，我开始对秋海棠着迷，并渴望了解更多。

你显然非常喜欢秋海棠。它们对你来说有什么特别之处？你的收藏中有特别喜欢的种类吗？

秋海棠真的不一般！它们的质地、形状和株型令人着迷，欲罢不能。并且这个属的植物种类多样，有须根、根茎和块茎等不同形态。我最喜欢的有网托秋海棠和盾叶秋海棠，因为它们有独特的造型、毛茸茸的质感和灰色的叶片。这两种秋海棠都产自南美。而来自苏门答腊岛的火焰秋海棠是令人着迷的根茎类，有铜一样的金属光泽、精致的枝干和红色的叶背。当然，不能漏掉让我爱上秋海棠的鳟鱼秋海棠（又名斑叶竹节秋海棠），它有天使翅膀一样擎出的枝叶，叶片上点缀着银色波点，叶背则是深红色。

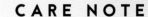

CARE NOTE

养　护　要　点

以下是阿诺的一些植物繁殖秘诀：

● 如果是水培，我认为小容器更好，它们能促使植物释放促进根系发育的激素。把这些容器放在远离太阳直射的地方。到换盆的时候，我喜欢把幼苗移植到小盆里，这样浇水之后盆土干得更快。盆土则选用优质盆栽土搭配珍珠岩和蛭石。

● 如果是茎插和叶插，我认为水苔和蛭石的搭配最好用。我会把插条放在试管里，上面钻几个透气孔，然后把它们放在生长灯下。这样的湿度能够很好地促进根系发育。

你专门学习过植物养护，还是自学成才？

我没有系统学习过植物相关的知识，我的心得大多从经验中来，还有不断的试验和阅读相关书籍。我喜欢研究那些能够激发我想象的植物，并且尝试记住它们的拉丁学名和养护需求。在植物社会（The Plant Society）的工作经历让我对植物养护有了些了解，帮助我更好地理解植物在不同光照环境下的反应。

你拍的植物照片非常漂亮。拍摄植物有什么地方吸引你？你希望通过镜头捕捉什么呢？

谢谢夸奖！我很享受把不同类型的叶片组成有趣的造型这一过程。在外面的时候，我总会被绿色的景观吸引。我喜欢探索不同的街区，欣赏别人家的花园。疯长的植物、被遗弃的场地和景观，这些会随着光线的变化而改变，都是值得记录的景象，应当记录在胶片中。

你热衷繁殖植物，这对你和其他植物爱好者之间的关系有何影响？

我喜欢尝试不同的繁殖技术。这样不用花费太多，就能扩大你的植物收藏，而且比购买培育好的植物更有成就感。Instagram是与其他植物爱好者沟通的最佳途径，我们可以交换信息，分享想法。就这样我学到了一些繁殖技术，还和一些可爱的人交换插条。我也喜欢与朋友分享我的植物，喜欢剪下枝条让他们带回家。

你喜欢用什么方式给植物造型？

我喜欢把室外植物组合到一起，最后相互融合，常常能得到有趣的层次和造型组合。我喜欢风化陶土盆的质感，也喜欢精美的手工花盆。藤编篮也很适合绿油油的观叶植物，还能给任一空间增添古典韵味。

STYLE NOTE

造 型 要 点

●小盆栽让阿诺的卫生间活跃起来，洗澡的时候也能欣赏绿色景观。

●浴室通常都不大，但还是有空间可以用来摆放植物，比如马桶上方。

> 阿诺的封闭式庭院里，有一组完美搭配的秋海棠和其他观叶植物，真让人羡慕。

都 市 绿 洲

URBAN
GREEN OASIS

活动经理尼克·西蒙尼

Nick Simonyi, event manager

澳大利亚墨尔本

MELBOURNE, AUSTRALIA

植物爱好者尼克和他的另一半皮特以及一只名叫亨利的杰克罗素梗一起租住在弗莱明顿区的房子里——这里也是许多美好室内植物的家。为了养亨利,他们从墨尔本南雅拉区的小公寓搬到现在这个更好的房子里,还多了一个房间安放尼克庞大的室内丛林。卧室绝佳的光线让这里堆满了植物,当然,就像我们通常所想的,每个房间都堆满了植物。绿叶装饰了家中的置物架、地毯、花架和家具,让室内每一处都充满生机。尼克的美学理念源自老家布里斯班,用他的话说就是"以墨尔本为中心兼收并蓄的风格"。他的家里有精心挑选组合的家具和装饰品,其中很多都是当地工匠和朋友做的。尼克还有让人羡慕的手工瓷器收藏,用来盛放他的植物。

尼克完美植物摄影的秘诀——"我喜欢精美的瓷器和小饰品,常常把它们摆在植物中间增加趣味性"。

你对植物的爱从何而来？

一开始，我觉得这份爱源自童年时在祖母布里斯班的花园里度过的时光。她的花园可真美，她一天有六七个小时都在那里。就算不做园艺，她也会坐在一株大桉树下喝茶。我和祖母一起生活了很长时间，她教我认识植物，学习一年四季照料她的花园。后来，我和一个好朋友一起住在布里斯班，她养了好多室内植物。我们还在一起工作，休息的时候就去逛室内植物苗圃，一起养了许多植物（当然大部分都是她的）。她激发了我对室内绿植的热爱。

你怎么学习让植物健康成长？

就是不断试错。死在我手里的植物够多了，关键就是学习和调整环境及植物，让每一株植物快乐生长。我的秘诀就是观察植物的自然状态（它们在野外如何生长？哪种条件下长得最好？），关注它们的需求和叶片的任何变化，给它们提供充足的光照。

为什么一定要过这种被植物环绕的生活？

对我来说，让植物环绕左右，花时间照顾它们，能让我慢下来，喘口气。每周或每隔一周，我喜欢花30分钟时间放下手机，不去管里面的信息，专注于我的植物。这让人平静，也是锻炼专注力的最佳方式。当然，这30分钟还能让植物长得更好！

你的室内植物收藏令人羡慕，你是怎么搜寻到它们的？

我不太挑剔，就是在花店逛，看到喜欢的就买回家。最近我开始有意识地提升植物的质量而不是数量，并且开始寻找一些更特别的植物。家里刚添了几株天南星，我现在很喜欢收集拥有有趣和奇异叶片的植物。

尼克用结实的球兰和一株合果芋搭配令人羡慕的镜面草,让普通的置物架焕发生机。这几株植物在有机造型的瓷盆中看上去都挺像模像样。

植物摄影是你的Instagram的一大特色。用绿植装饰置物架，你有什么秘诀吗？

我对植物摄影的热爱也要归功于那位来自布里斯班的室友，是她带我走入这个世界。这是让植物融入空间但不完全占据空间的绝佳方式（至少我们的理念是如此）。我觉得装饰一个花架没有什么秘诀，只要有快乐的植物（再次强调，要保证它们获得充足的阳光）加上一些装饰元素就够了。我喜欢精美的瓷器和小饰品，把它们放在植物中间可以增加趣味性。

你怎么为这些植物搜寻合适的陶瓷容器？你最喜欢哪些陶瓷工匠？

住在墨尔本真是一件幸事！这里有许多才华横溢的瓷器工匠和艺术家，他们制作了一些充满魅力的陶瓷花盆、器皿和艺术品。我很喜欢逛陶瓷样品和瑕疵品特卖会，不过墨尔本有很多商店会销售本地制作的瓷器，也深得我心。我最喜欢的陶瓷艺术家是Leaf and Thread的劳拉·威勒夫、詹姆斯·莱蒙和我的一个远在堪培拉学习陶艺的朋友。她给了我一些特别好看的花盆和瓷器，这些器具因为好朋友在雕塑过程中融入的心思而显得愈发特别。

你喜欢从哪里获得打造室内丛林的灵感？

当然是Instagram！不过墨尔本也有好多绿植装饰的商店、餐厅和咖啡馆，非常值得一逛。刚搬来的时候，我在Higher Ground咖啡馆工作，最后竟然开始照顾里面的植物，这感觉挺棒！墨尔本还有精致的花店和苗圃，比如植物社会、Plant by Pack wood、Greener House、Fitzroy Nursery等，根本数不过来。这些地方不断为我家的室内丛林提供灵感。

尼克和他的一株珍贵的植物宝宝：
黑天鹅海芋——这是对他家中明
亮间接光的热烈回报。

STYLE NOTE

造型要点

● 尼克从墨尔本的天才瓷器工匠那里收来许多手工瓷器。他喜欢逛样品折扣特卖会，还会去当地商店为自己的植物搜寻完美的栖身之所。

● 别的物件或小玩意儿能很好地衬托花架上的植物。像图中的修枝剪这种园艺用具就非常适合放在那儿。

▶夕特龟背的插条在繁殖瓶里长得很好。背后大株盆栽植物排在墙边，组成精致的绿色生活空间。

SPECIAL GUEST

Fashionable Selby

植物妈妈大本营

PLANT MAMA HEADQUARTERS

植物妈妈创意总监詹娜·霍尔姆斯

Jenna Holmes, creative director of Plant Mama

澳大利亚墨尔本

MELBOURNE, AUSTRALIAIA

位于墨尔本科林伍德区正中心,一幢19世纪90年代的维多利亚风格的两层小楼,现在已经被植物妈妈詹娜·霍尔姆斯变成了茂盛的绿色大本营。慷慨的房东给了詹娜行使权力的自由,让她随心打造理想中的都市绿洲。在昆士兰乡间长大、从小接触自然的詹娜,在刚搬到墨尔本市中心的时候很不适应。让空间充满绿色成了她当时的首要任务。"我的小小的植物庇护所让门外城市的喧嚣变得不再难以忍受。"但对詹娜来说,这还是一个重要的职业转折点——她从一名体育教师变成了植物造型师。

新的工作让詹娜有机会传播自己的植物美学。这幢小楼还是活动场地,承办快闪、摄影等各类活动。詹娜得以展示她的绿色造型理念,并希望启发更多人创造他们自己的室内植物空间。每个房间不同的光照决定了其中的植物数量:光照越充足,植物越多。詹娜还充分利用通往居住区域的楼梯,那里充足的光照滋养了一株巨大的琴叶榕,还有其他榕树、蔓绿绒和各色绿萝,构成她心目中恣意生长的"不规则丛林"。

镜子是强化绿色元素的最佳方式
之一，一面镜子就能让绿叶的装
饰效果立马翻倍。

说到长在植物妈妈总部的植物，就是一个字——多。詹娜说自己的植物风格是"有组织的混乱，再加上一点20世纪70年代的设计感，越乱越好"。

不管是居住在被绿植包围的家里，还是为别人打造都市丛林，跟我们说说植物在你生命中的作用。

植物给我的生活带来翻天覆地的变化，不过变化主要集中在我的情绪和环境两方面。我长在昆士兰乡间，那里有宽敞的空间、成堆的绿植，还有与自然和户外切不断的联系。搬到墨尔本之后，这种联结被切断了，我感觉很痛苦，所以把植物带回家里真的改变了我对墨尔本的感觉。刚开始打造室内丛林的时候，我的创造性和造型功力随之被唤醒，就是感觉对了。那时我还在高中教授体育，市面上还没有所谓的"建造丛林"服务，所以我很幸运地投身这项事业。然后我才意识到很多人和我一样渴望接触自然，于是开心地为他们建造丛林。

你的家族有许多植物爱好者和狂热的园艺家。这样一个令人骄傲的家族背景，是如何影响你对植物的热爱和你的工作的？

我的家族对我的影响是最大的，植物妈妈这份事业可以说是致敬我的植物妈妈前辈们。我的妈妈、祖母和外祖母都是狂热的植物爱好者，她们把植物融入家中的每一处，无论室内还是室外。看她们给植物造型，我意识到自己和她们是一样的。有了她们先前的不断试错，我获得了让客户的植物健康开心生长的捷径。她们传给我的经验是无价的，我现在遇到问题还是会给妈妈打电话（她总能给我答案）。我的很多客户也都有热爱园艺的长辈，都能讲出一些关于父母或祖父母家里花园的逸事；我为自己能够延续他们与植物的联结而感到兴奋。

你觉得为什么人们的生活应当被植物环绕？

我觉得可以这么说，即便是一点绿色也能放松我们的心灵，也不断有研究证明这一点。我认为被植物环绕的生活会提醒我们，还有其他生物生活在这个世界上，有另一种生物需要我们的照顾和关注才能生存下去。

大株的落地植物、垂吊植物,加上一些再健康不过的波士顿蕨,组成了工作室这个格外茂盛的角落。

"植物给我的生活带来翻天覆地的变化。"

你有什么造型秘诀让人们愿意把植物引入室内？

关键是层次和高度。你要把植物摆出层次：加一盆植物，退后几步看看效果，接着再加一盆。退后观察是造型的关键。

说到盆栽，你最喜欢哪种花盆？又是从哪里买到它们的呢？

我会从各种地方搜寻花盆！为了给每个项目营造独特氛围，就要充分利用花盆，因为常用的植物就那么几种。我会逛义卖商店、花盆店和苗圃，也会从网上购买。花盆对空间设计的影响是最大的，所以搜寻花盆是造型的重要一步。

你喜欢旅行，那么哪些地方能给你最好的"植物灵感"呢？

旅行是我工作的动力，绝对是我最热衷的活动之一，甚至超过养植物。我最爱欧洲的植物景观，特别是在意大利和希腊看到的那些：植物恣意生长的阳台花园、仙人掌、陶土花盆，甚至是一些花园的主人。这些可爱的主人，我觉得他们骨子里也是植物妈妈。结束一段海外旅行之后，我脑子里常常会冒出下一个丛林的想法。我喜欢把旅行看作一种创意研究！

坐在墨尔本市中心植物妈妈大
本营的詹娜。被绿植环绕的她，
看上去真美。

造型师的工作室

A STYLIST'S STUDIO

The Table New York主理人露辛达·康斯特宝

Lucinda Constable, owner of The Table New York

美国纽约

NEW YORK, USA

办公室和住所相隔不超过两个路口,这在纽约很少见,却是The Table New York主理人、造型师露辛达·康斯特宝的梦想状态。这位来自澳大利亚的创意工作者自己住在一间光影变幻的公寓,另外和一群创意伙伴(还有一些和人一样大的毛绒玩具)共用一间工作室。工作室的植物是她从上一位租户那里继承下来的,从她搬去的第一天起就给工作室带来无限生机。露辛达认为,植物在这个相互支持的群体逐渐成形的过程中发挥了重要作用,而且确实给这个空间带来独特的绿色风味。回到家中,琴叶榕和龟背竹等大株焦点植物在朝南的公寓客厅贪婪地享受倾泻入室的自然光线。"自然光是我的头号必需品,幸运的是,我的公寓和工作室都拥有充沛的光照。"

垂吊植物的枝叶覆盖了天花板，
在露辛达工作室上方组成青翠
的绿伞。

你在纽约住了多久？什么时候开始经营 The Table New York？

我在纽约待了快7年。真令人难以置信！3年前我成立了这家公司，并迅速发展起来——真的要感谢澳大利亚同乡的口碑宣传！

植物对你的造型工作有什么影响？

植物在我的造型工作中发挥了巨大作用。我会租用成年植株来改造活动空间，这样可以瞬间转换活动气氛。我定期咨询一家专注健康生活业务的公司，这家公司致力于将和谐空间带进曼哈顿的大型写字楼。这些楼宇通常缺乏自然光照，头顶是低矮的天花板，脚下踩的地毯还是20世纪80年代的。植物是我造型工作中不可分割的一部分，甚至可以说是我们的设计标签；我尤其喜欢悬吊绿萝，它们在弱光下也能长得很好。

在寻找公寓和工作室的时候，你都会关注哪些特质？

纽约的房产真让人头疼，你总要牺牲某样东西。根本没有完美的场地！不过，自然光是我的首要条件，而我的公寓和工作室，一个朝南，一个朝西，恰好都有充足的光照。

植物对这两个地方的气质有何影响？

植物能一下子让一个房间更有活力和家的感觉。它们带来一种宁静，一种居家和办公都需要的宁静。我没法想象没有植物的生活，那实在太贫乏了。

对那些想要养室内植物的人，你有什么秘诀分享？

从一两盆开始，慢慢增加。我认识的人里，有的一下子买来20多盆花，却根本不知道这些植物在他家能不能长好。植物就像小孩，需要细心培育！我建议大家从生命力强且健壮的植物开始，像是龟背竹，它们始终牢牢霸占着最受欢迎室内植物的称号！

造 型 要 点

● 大株琴叶榕沐浴着旁边窗户照进来的间接光,成为起居空间的代言人。

● 露辛达在室内选用中性色调,能更好地衬托她的大叶绿植;摩洛哥风格的毯子和藤编篮又为这个整洁利落的空间增添了别样风情。

跟我们说说你的植物风格吧。

我个人的风格是雕塑感和几何感,体现在设计和生活的方方面面。我家的所有植物都是单独摆放,尽情展现它们自己的风格,因为每一株都充满个性!它们与我的其他几何装饰和彩色艺术品搭配得都很好,这让我非常满意!工作室里的植物则更加茂密,丛林感更强,更适合那里的氛围——与我的居住空间截然不同。

你会从哪些地方寻找灵感?

我喜欢逛布鲁克林植物园来获取灵感。这个植物园藏在展望公园(Prospect Park)里面,有一个特别棒的温室,春天还能欣赏樱花的盛放。相比精心栽培的纽约植物园,布鲁克林植物园更自由,不过两个园子都很可爱。其他我喜欢的地方还有墨西哥瓦哈卡民族植物园(Jardín Etnobotánico de Oaxaca),无疑还有马拉喀什的马若雷诺花园(Jardin Majorelle)。我喜欢这种感觉——贫瘠的荒原上突然冒出一座茂盛的绿洲,马若雷诺就是这样。其他特别棒的地方还有贝尔蒂乡村俱乐部(Beldi Country Club)、厄尔芬酒店和名字恰如其分的花园餐厅(Le Jardin)。显然,四处游荡是发现新地点的最佳方式,不过我90%的灵感其实都来自Instagram和室内设计师的博客。

露辛达纽约工作室的窗户从地板一直延伸到天花板,为室内植物提供了理想的光照。

图书在版编目（CIP）数据

室内绿植完整手册 . 2 /（澳）劳伦·卡米雷利，
（澳）索菲娅·卡普兰著；陈晓宇译 . -- 北京：中信出
版社，2021.4（2024.8重印）
　　书名原文：The Leaf Supply Guide to Creating
Your Indoor Jungle
　　ISBN 978-7-5217-2831-6

　　Ⅰ . ①室… Ⅱ . ①劳… ②索… ③陈… Ⅲ . ①园林植
物—室内装饰设计—室内布置—手册 Ⅳ .
① TU238.25-62

中国版本图书馆 CIP 数据核字 (2021) 第 033873 号

室内绿植完整手册 2

著　　者：[澳]劳伦·卡米雷利　[澳]索菲娅·卡普兰
译　　者：陈晓宇
出版发行：中信出版集团股份有限公司
　　　　　（北京市朝阳区东三环北路27号嘉铭中心　邮编　100020）
承 印 者：北京雅昌艺术印刷有限公司

开　　本：787mm×1092mm　1/16　　印　张：15.75　　字　数：150千字
版　　次：2021 年 4 月第 1 版　　印　次：2024 年 8 月第 5 次印刷
京权图字：01-2021-0940
书　　号：ISBN 978-7-5217-2831-6
定　　价：98.00 元